羅棟鉉(大圖書館) 나동현 (대도서관) 著 葛增慧 譯

韓國第一
YouTube之神的人氣自媒體Know-How

유튜브의 신 1인 크리에이터들의 롤모델 대도서관이 들려주는 억대 연봉 유튜버 이야기

為了夢想成為YouTube之神的你

在開始故事前

你才是那個可以成為YouTube之神的人

小才能成就大圖書館

這裡，有一個男孩。這個男孩在雙人遊戲機前與朋友併坐在一起。瘦巴巴的男孩很勤奮的玩著電動，但男孩的嘴巴其實比手更忙碌。嘴巴忙著轉播遊戲實況，還要幫角色加油打氣，總覺得縱使有十張嘴巴都不夠用。一起玩遊戲的朋友忙著笑而頻繁出錯，於是男孩覺得更開心，嘴巴彷彿裝上了馬達般的更加喧嘩。

「遊戲闖關哪有多重要？即興才是最重要的！」

喜歡玩遊戲，但更喜歡邊玩遊戲邊聊天的男孩在二十三年後變成了一人創作者「大圖書館」。

「你離職竟然搞起什麼網路直播？還是遊戲直播？」

「喂，誰會想要看人玩遊戲啦？那有什麼好看的？」

「不要做白日夢，你還是好好上班認真工作吧！如果你父母親還在世肯定會覺得很傷心的。」

我在二〇一〇年離職想要做網路直播時，周圍的朋友們紛紛不認同試圖勸住我。我說世界正在改變，網路直播在未來是一個會有龐大成長的領域，這個領域適合我的個性，我也有自信做好，然而無論我怎麼說都沒有用。

第一個年頭是測試大圖書館能力的時期，換句話說那段時期就是一分錢都賺不到所以餓肚子的時期。但是兩年後透過廣告收入，每個月收入超過一千萬韓圜，五年後的現在，透過YouTube獲得的年收入達到十七億韓圜。現在訂閱頻道的觀眾超過一百七十萬名，累積點閱率超過十億次，累積收視時間達到一億五千萬小時。我雖然不是從幼稚園小朋友到住在山間的奶奶都認識的國民明星，但至少對YouTube用戶而言，大圖書館被稱為是「一人媒體的先驅者」。

任何人都擁有一份小的但珍貴的才能

那麼，我們還能看到什麼樣的孩子呢？在媽媽的梳妝台前偷偷擦口紅的孩子，因為好奇心太旺盛專挑大人不允許做的事情來做的孩子，在上課時間躲過老師的視線陷入漫畫情節中的孩子，只要聽到音樂身體就會自動反應的孩子，覺得世界上最有趣的事情是數學的孩子，只要一開口就可以讓身邊的人前仰後倒的口才很好的孩子，手很巧可以迅速完成小東西的孩子，可以把漫畫中的角色模仿的惟妙惟肖的孩子，這也不是那也不是只是很安靜的孩子，沒有特別的存在感但眼睛裡總是有著夢想的孩子……。

這些孩子們長大後全部都可以成為「YouTube之神」。就好像跟朋友一起玩雙人遊戲機然後開心說著話的十歲男孩一般，可以成為用小小的才能、在別人眼裡看起來沒什麼用的興趣，製作出讓全世界的人或是哭或是笑的內容（contents）[1]的人。

不只是小孩子，其實對大人也是一樣的。現在在哪裡做著什麼不重要。平凡勤樸的上班族，沒有事情到處閒晃的米蟲，對偶像明星狂熱的粉絲，總是被勸拜神降臨然後屈服於購物慾望的購

1 在韓國，音樂、線上遊戲、連續劇、電影等，任何型態的媒體節目，皆泛稱為內容（contents）。

物狂……無論是誰在YouTube的世界都是被歡迎的。這是我常說的，任何人都擁有一個可以大賣的內容。我比別人懂更多一點的或更擅長一點的領域，或者有讓自己感到非常狂熱的領域，那麼任誰都可以成為YouTube之神。

請觀察目前當紅的一人創作者。目前正在經營玩具頻道的Kkuk TV當初的興趣是蒐集玩具。美妝創作者（Beauty Creator）SSIN其實是經營美容部落格的平凡大學生，Heopop曾經是一個在求學時期充滿好奇而目前是上班族的人[2]。我又是如何呢？我才是那個個人資歷普普，連大學畢業證書都沒有，曾經整天沈浸在電影與遊戲中晃來晃去的米蟲。在度過幾年平凡的上班族生活之後，在某詩人曾經提及的「就這樣過也不是，死也不是」的三十三歲之後才入門YouTube。

某人都說YouTube已經是紅海，誰又評價說做那個YouTube一點用處都沒有。但是我的想法不同。YouTube的世界不是零和博奕（zero-sum）[3]，因此依舊潛伏著無窮無盡的機會。如果有才華、關注的事情、興趣、專業性，那麼任誰都可以挑戰YouTube。如果在這裡再加上誠懇踏實，那麼你就可以衝破上限，你才是那個可以成為YouTube之神的人。

為了成為一人創作者必須要知道的事情

我說到嘴巴乾掉但依舊說了又說的「YouTube之成功秘訣」其實非常簡單。「不要做直播，而是以剪輯過的內容進行播出，而播出的是我有興趣又有信心做得好的領域且可以持續執行的內容，針對這樣的內容一週至少上傳一至二部，並且持續一年！」聽下來好像很簡單，但實際執行起來可就不簡單了。首先，一個星期製作二部影片內容而不感到倦怠就很困難了。因此與其追隨人氣很高或當紅的內容，不如將自己喜歡又有興趣的領域做成頻道的內容，相形之下就變得更重要了。彷彿一直持續自己在日常生活中的興趣項目，但是抱持將這些內容用影片紀錄起來的心理準備，這樣身為創作者的自己才不容易感到倦怠，也不會被困在靈感枯竭的泥沼持續製作兩年以上的內容。

因為聽到YouTube可以賺到錢而覺得動心，想用刺激又有亮點的影片來大賺一票，這樣反其道而行是絕對賺不到錢的。為什麼呢？首先在YouTube為了提高廣告收入，需要滿足「訂閱觀眾

---

2 Heopop，YouTube創作者，節目是關於用各種生活可以使用的道具或食物進行各種創意性實驗的內容。

3 zero-sum game零和博奕，意味著所有博奕方的利益之和為零或一個常數，即一方有所得，其他方必有所失。

一千名以上，在過去十二個月要有四千小時的收視時間」的兩個條件。

再說如果妄想憑著點閱人數高就覺得YouTube會送來昂貴的廣告的話，YouTube是沒那麼好說話的。意思是說，用火辣刺激的一兩部影片就想要創造利益的構想本身是行不通的。一人創作者將興趣與從中獲得成就感擺在比賺錢更前面的位置，當創作者有著可以引起觀眾共鳴的真誠與熱情，這樣才能賦予動力持續製作一年以上的影片，才能獲得破億收入的保障。你知道新手YouTuber大多在不到六個月的時候就放棄的事實嗎？

我也不是一開始就很上手的。觀眾可能誤以為我在書裡面說這些是因為我發揮了偉大的洞察力才能夠在YouTube獲得成功，但事情絕對不是這樣的。在我掛上「大圖書館」這個暱稱後踏出的每一個腳步，在每個腳步之間所產生的猶豫與失誤，每一步都是錯誤示範的腳印。身為宣揚著任何人都可以加入YouTube並且到處吵著要不要一起在YouTube打拼的人來說，我用期盼著可以讓第一次踏入YouTube的新手YouTuber，可以稍稍降低在反覆錯誤示範的過程中感受到挫折的心願下寫下這本書。

我將身為一人創作者，在過去八年所學到的、所領悟到的一切都寫在這本書裡。不過對想要學習技巧的人來說或許會對書籍內容感到失望。相較於技巧，我想要表達的是身為一人創作者要擁有什麼樣的心態，要如何透過YouTube獲得大成就感與「小確幸」（微小但確實的幸福）。衷心期盼透過這本書讓想要開始YouTube的人屁股都快坐不住了。

總是與我一起的Uncle大圖（註：大圖書館與YumDaeng[4]夫妻共組的公司）與CJ E&M的各位，也謝謝在書本直到發行之前辛苦的Business Books的相關同仁，還有也向我的太太YumDaeng表達感激。最後想要向與大圖書館一起過了一億五千萬個小時的觀眾表達感激之意。大圖書館在未來也是虛張聲勢的角色，然而我向各位觀眾承諾一定會以誠懇踏實回應各位觀眾對我的關愛。

期盼著YouTube之神的英姿與將首次跨入YouTube的你同在！

二〇一八年五月

大圖書館

4 YumDaeng，YouTube的ＩＤ為Yum-cast，是知名網紅。

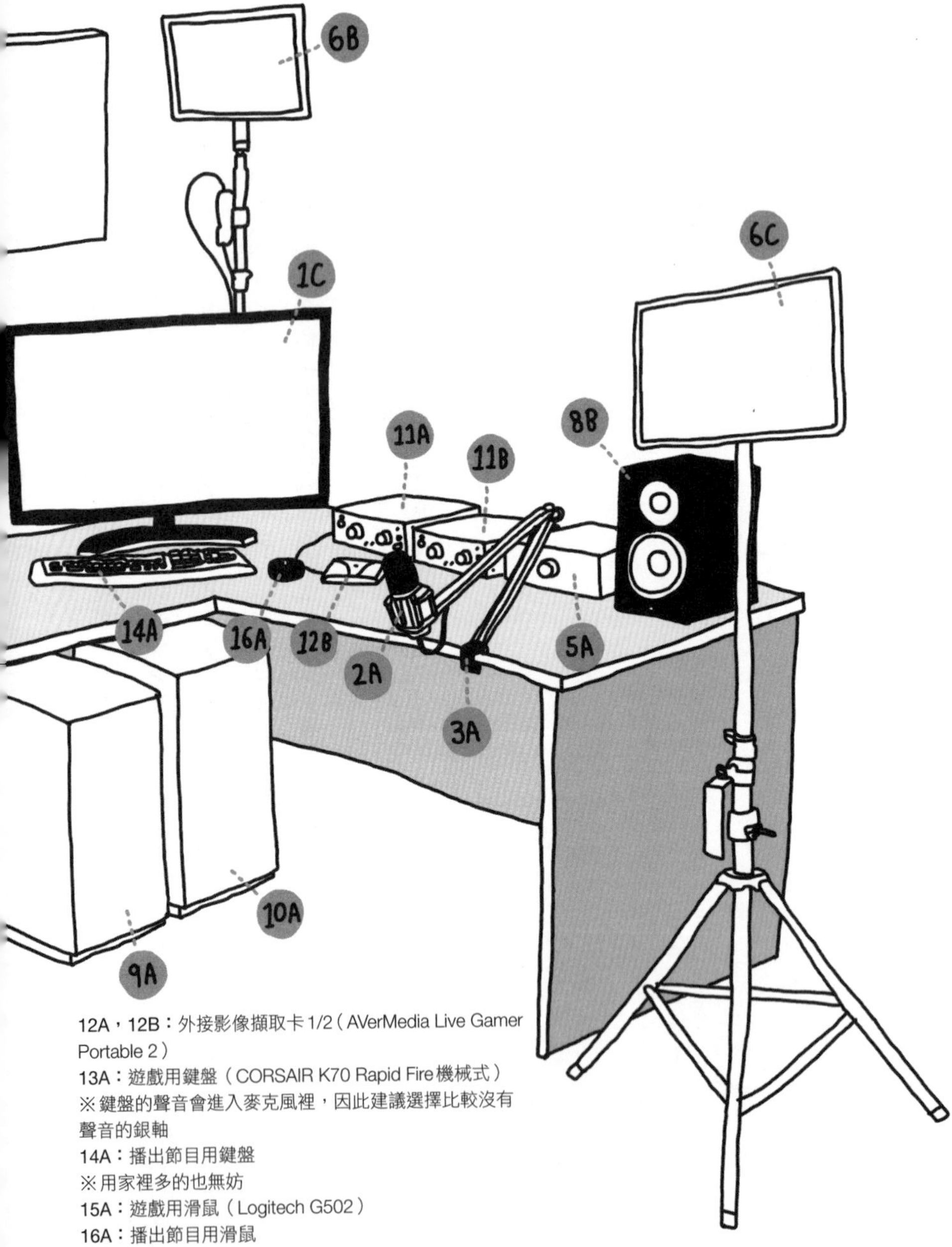

12A，12B：外接影像擷取卡 1/2（AVerMedia Live Gamer Portable 2）
13A：遊戲用鍵盤（CORSAIR K70 Rapid Fire機械式）
※鍵盤的聲音會進入麥克風裡，因此建議選擇比較沒有聲音的銀軸
14A：播出節目用鍵盤
※用家裡多的也無妨
15A：遊戲用滑鼠（Logitech G502）
16A：播出節目用滑鼠
※用家裡多的也無妨
17A：吸音墊子（SORIGIO）
※要能處理房間內震動的聲音，麥克風才不會產生回音

※提醒：圖示是重現大圖書館的直播工作室，不使用這麼昂貴的產品也是沒關係的。
插畫家Min, Hyoin（hyoinmin@gmail.com）

[公開大圖書館的工作室]

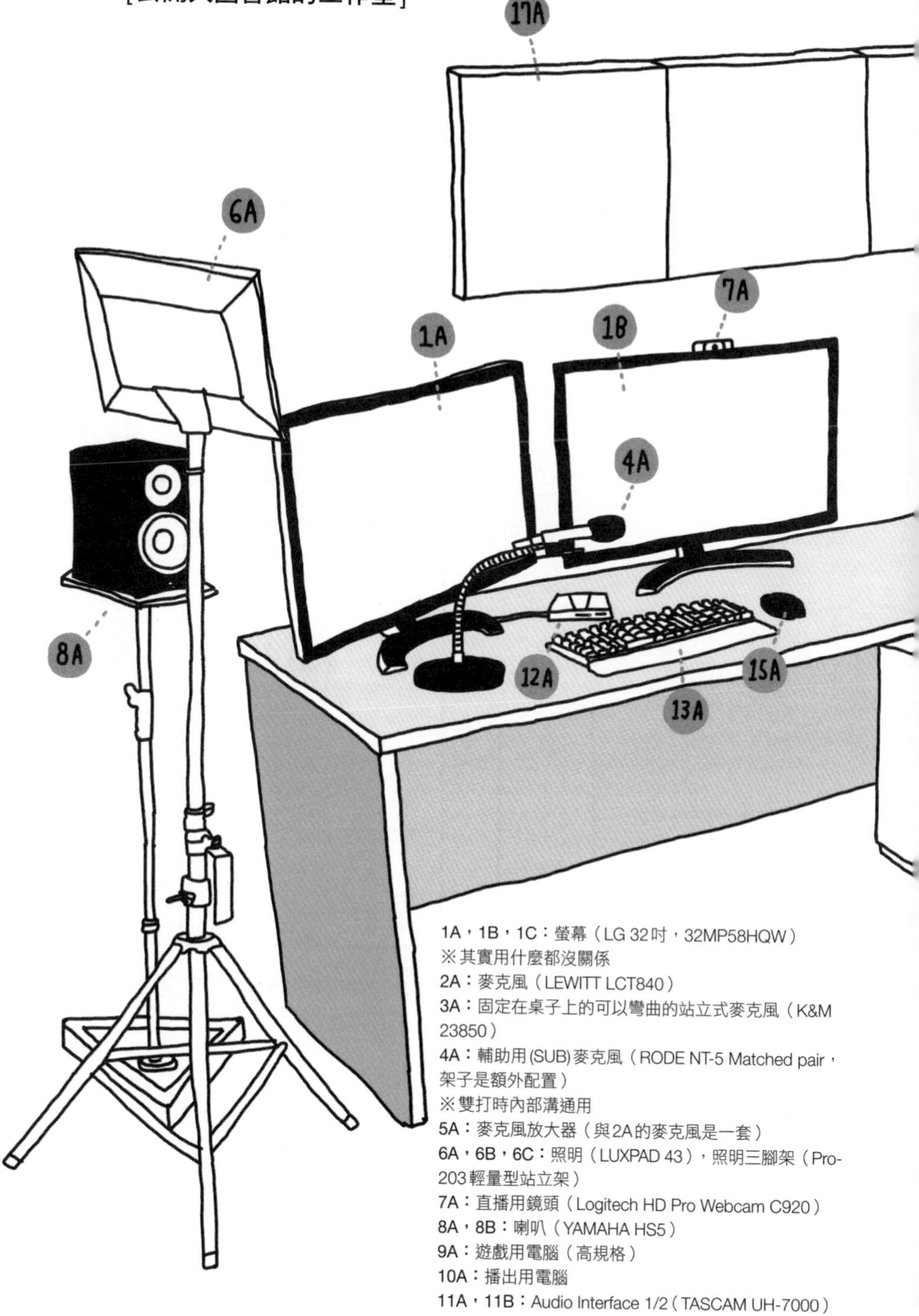

1A，1B，1C：螢幕（LG 32吋，32MP58HQW）
※其實用什麼都沒關係
2A：麥克風（LEWITT LCT840）
3A：固定在桌子上的可以彎曲的站立式麥克風（K&M 23850）
4A：輔助用(SUB)麥克風（RODE NT-5 Matched pair，架子是額外配置）
※雙打時內部溝通用
5A：麥克風放大器（與2A的麥克風是一套）
6A，6B，6C：照明（LUXPAD 43），照明三腳架（Pro-203輕量型站立架）
7A：直播用鏡頭（Logitech HD Pro Webcam C920）
8A，8B：喇叭（YAMAHA HS5）
9A：遊戲用電腦（高規格）
10A：播出用電腦
11A，11B：Audio Interface 1/2（TASCAM UH-7000）

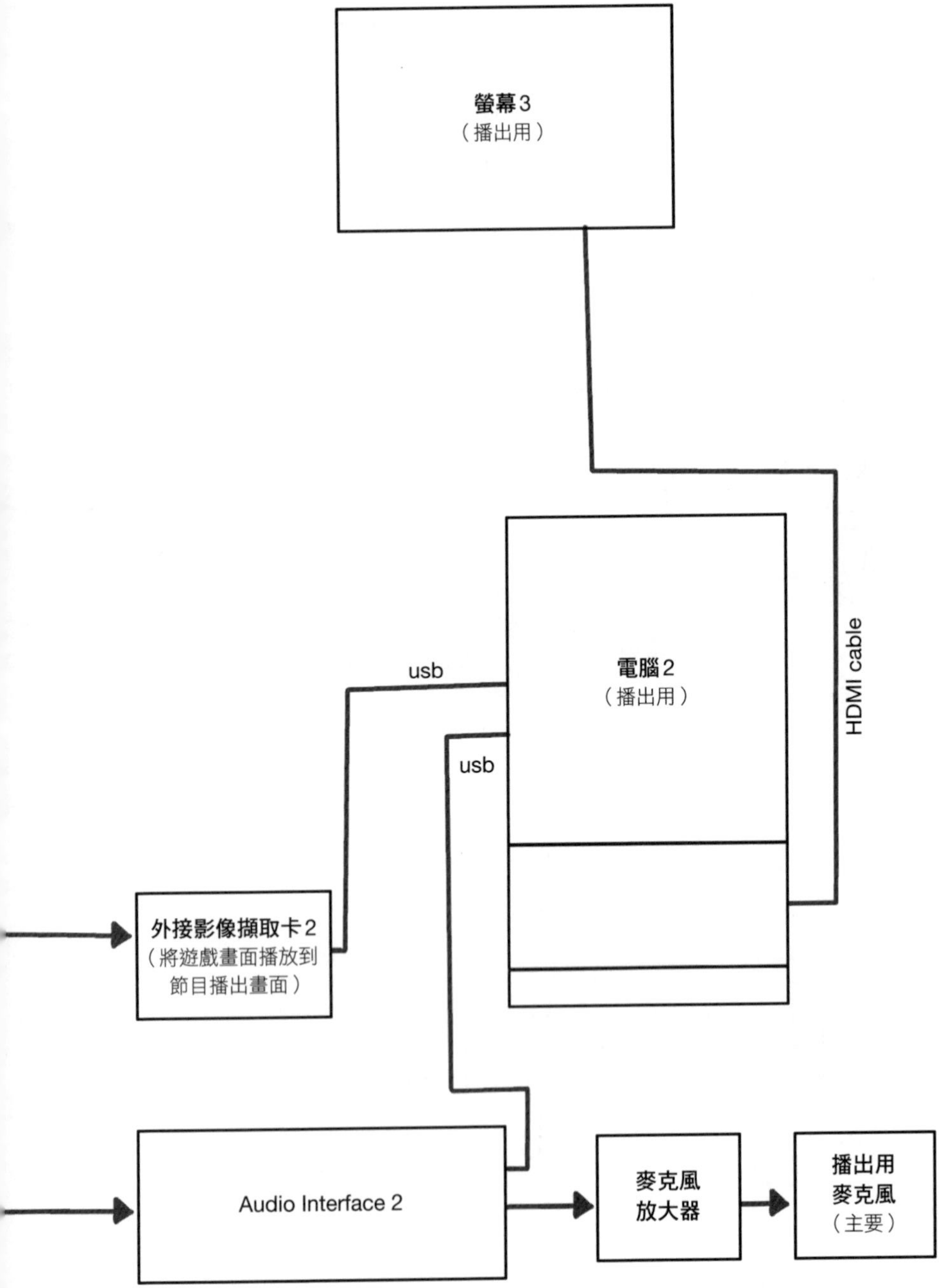
螢幕3
（播出用）
HDMI cable
usb
電腦2
（播出用）
usb
外接影像擷取卡2
（將遊戲畫面播放到節目播出畫面）
Audio Interface 2
麥克風
放大器
播出用
麥克風
（主要）

[個人遊戲直播用雙螢幕連結圖面]

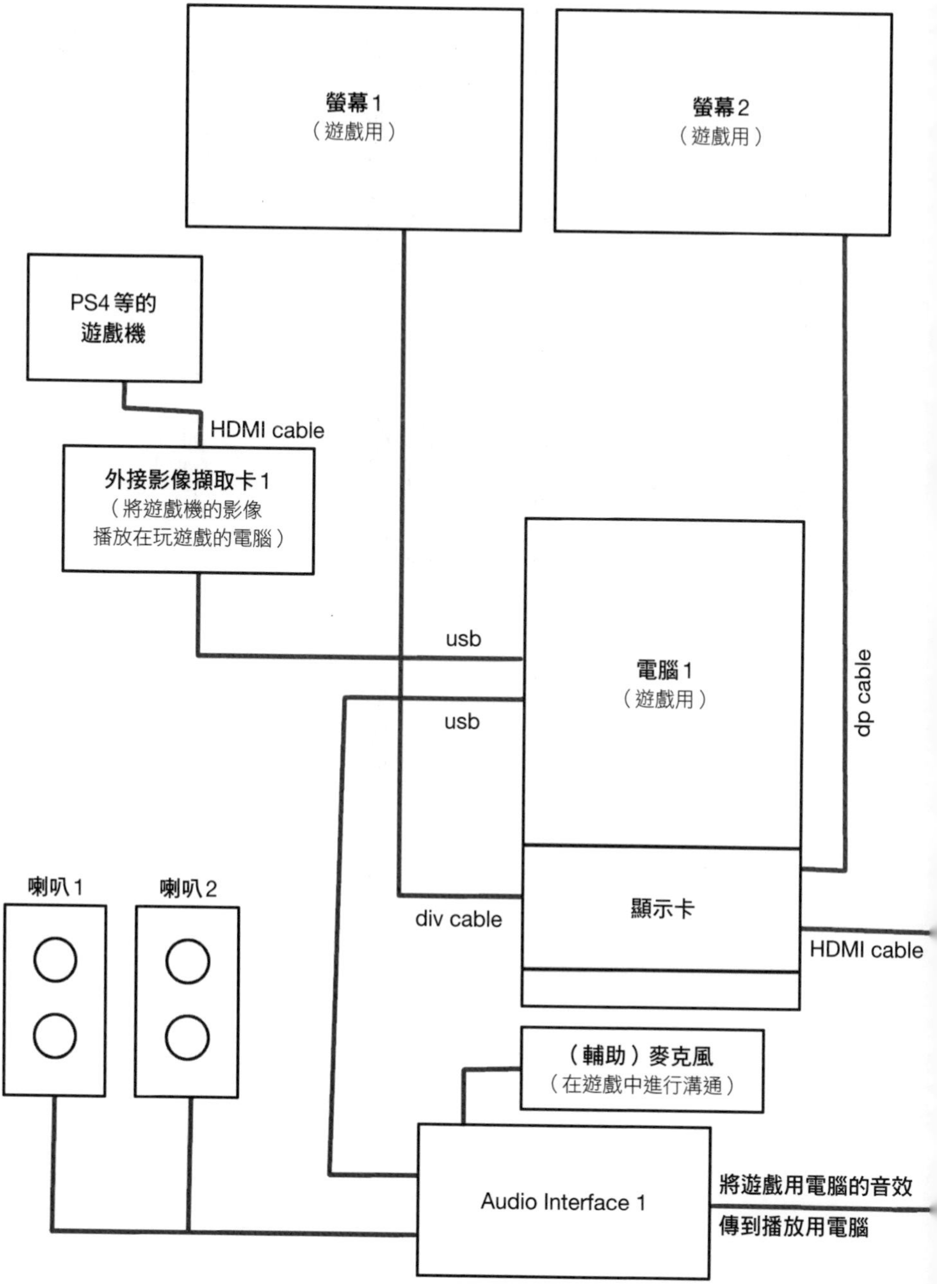

目錄

Chapter 2

興趣可以成為內容的時代：孤單阿宅成為無四牆的一人品牌

Chapter 3
用屬於我的內容提升品牌價值的方法
：喚醒潛藏在自己體內的創作者本能

Chapter 4

一人品牌市場變大我才會變大
：為了養大自己的領域所要做的事情

附錄

與大圖書館一起製作的大賣內容：從企劃到行銷，由大圖書館進行一對一指導！

[Chapter 1]

數位游牧（Digital Nomad）[1]時代，一人品牌是答案

：在自己營造的工作開心上班的人們

數位製造出的分銷革命，開始一人品牌的時代

「算了，我不管了。就叫做『大圖書館』吧，『大圖書館』！」

二〇一〇年秋天，在準備多音（Daum）[2] TV Pot第一次播出的時候，我彷彿法官往下敲打法槌般的將我的手掌往桌上敲下去。準備播出的作業老早就結束了，但是一直想不出滿意的暱稱所以猶豫不決著。

「大圖書館」是遊戲「文明V」（文明帝國V）裡出現的不可思議的建築物「亞歷山大圖書館」的暱稱。在遊戲裡建立大圖書館就可以免費獲得科學技術，所以這是只要是玩家任誰都想要建立的建築物。在我第一次的播出中要展現的遊戲剛好是「文明V」，並且我更不想要為了苦思暱稱而耗費時間，所以就決定成為「大圖書館」了。

令我傷透腦筋的暱稱被解決了，終於完成播出的所有準備了！我從一開始就覺得最適合網路直播的內容是遊戲。因為將遊戲畫面播放出去就不需要曝光自己的臉，只要變換遊戲主題持續進

行播出就可以的緣故。預計第一次播出的遊戲想都不用想就是「文明V」。這是我最喜歡的系列也是當下最具備話題的遊戲。

問題是要如何將「文明V」用具有趣味性的方式詮釋出來。縱使喜歡遊戲，但自己不是具備職業水準的玩家，所以展現遊戲實力或者介紹遊戲攻略法不是自己擁有勝算的項目，取而代之的是用說故事與口才決一勝負的盤算。用好口才營造出有趣故事的能力才是我的強項啊！這是在當米蟲的時期一天看三至四部錄影帶，在SayClub做廣播DJ時所訓練出的秘密武器。

用口才與說故事營造趣味，但想要達到的效果是「愉快而有趣」。當時的網路直播正是充滿著謾罵、亂講話、煽情的內容，因此是正遭圍剿的時期，所以這讓我尤其在意播出想要達到的效果。如果播出辛辣又煽情的內容可能可以賺到錢，但覺得自己日後會無法抬頭做人。我當下就覺得一定不可以短視近利，這樣日後才會成功。

---

1 Nomad源自拉丁文意味著游牧民族。而近期將Nomad這個詞彙與數位相結合，意味著不受限於時間與場所，使用著筆記型電腦、手機等攜帶型電子產品與個人或者團體進行聯繫並經營著自己人生的意思。

2 多音是韓國最大的入口網站之一，成立於一九九五年二月，也是韓國第一個電子郵件服務網站Hanmail的前身。

職員羅棟鉉，成為一人品牌的的大圖書館

打開老舊的電腦終於開始第一次的播出！雖然連一行腳本都沒有，神奇的是我既沒發抖也沒感到緊張。只是居住的地方有點老舊所以擔心隔音不好吵到播出。

「大姊，我來了。請給我一根玉米吧！」

忙著表演去富庶的國家就彎腰屈膝，去貧窮的國家就傲慢無比的樣子，說著說著四個小時就這樣過去了。結束播出後關掉電腦忽然往後躺了下去。無法真的相信播出就這樣結束了，覺得身上還滿滿的熱氣。若不是擔心隔天無法上班，我覺得自己可以一直播出直到天亮，因為這件事情就是這麼有趣。感覺來了。

「就是這個！我可以做得比別人好的事情，我可以做到死都不會感到厭煩又可以讓自己開心的事情，我終於找到那樣的事情了！」

之後幾天在進行播出時，更加確定了當初自己的感受。從晚上八點一下子就超過凌晨，我一刻不停的一直講著，令人感到奇怪的是，不但不覺得疲累反而越來越有精神，觀眾的反應也越來越熱烈。可能是將遊戲與說故事進行接軌，以致女性觀眾的比例獲得壓倒性的成長。多虧這樣讓聊天視窗的氛圍總是和樂融融的。這裡是離謾罵與批判很遙遠的清靜聊天視窗。

在開始播出一個星期後終於出事了。一開始只是六十至七十人的觀眾感覺出現增加的趨勢，後來竟然填滿了最大值的一千人。在向遊戲中的核心角色甘地拋擲黑心的核炸彈之後反而大敗，發生了任誰都料想不到的結果，而那個結果出現在播出之後，當時心裡其實有會成功的預期，但沒想到反應竟然來得這麼快。

我心存僥倖用「大圖書館」當關鍵字在網路進行檢索。令人驚訝的是一部份的觀眾，將播出中有趣的部分擷取起來進行分享。另外，我的播出引起話題的地方竟然在女性社群網站。裡面一篇接著一篇讚美著這是沒有謾罵也沒有鹹濕笑話的「儒教節目」[3]，觀眾覺得非常有趣等的留言。部分觀眾說直播主是充滿虛張聲勢的角色，並幫我取了「虛勢文明」這個暱稱。

對了，當時還有一個暱稱。「文明仲基」（玩「文明」的宋仲基）。觀眾說我的聲音跟宋仲基很像所以就幫我取了這個暱稱。當時我對男明星的關注度比較低所以並不認識宋仲基。當我查詢之後真的覺得難堪！對方的聲音跟我不一樣，最重要的是外貌的差別可是非常嚴重的。

「各位，我長的不帥。請不要對我的臉有期待。」

我在播出時做過數次的警告（？），但都說想像是自由的啊！觀眾對我外貌的期待並沒有就

3 這裡所謂的儒教是孔子的儒家思想。

此降低。在換過麥克風之後，覺得我的聲音與宋仲基先生相似的留言漸漸消失了。這真是太好了……，那時的麥克風果然有點異常。之後在播出中正式曝光臉部，而「文明仲基」這個暱稱從此永遠的消失了。

在網路直播一星期的甘地影像造成轟動，此時的我站在一個重大的分歧路之間。邊上班邊進行每天四小時的直播，從各方面去評估都是困難的。要做網路直播還是要去公司上班，當時的我需要在兩者擇一。那時的我在大企業上班，不過多音TV Pot的收入結構尚未成形，因此選擇辭職的話變成窮光蛋只是時間問題。然而我沒有積蓄也沒有可以依靠的家人。

可能因為這樣反而讓我更容易做出決定，覺得一人飽全家飽的想法點燃了冒險的火苗。我很好奇透過「大圖書館」這個品牌可以讓自己成長多少，這份挑戰會帶我去哪裡。我想要用全身進行突破進行驗證。

「沒錯，辭職吧！就用『大圖書館』活下去吧！」

不是平凡的大企業職員羅棟鉉，那個瞬間是一人品牌大圖書館誕生的瞬間。

蘊含個人價值的私人品牌，大圖書館的開始

高中時父親過世讓家境變得更困難，這讓我放棄了考取大學。過了幾年曾經徬徨的米蟲生活，但之後工作運反而迎刃而解。在當兵後偶然在做網路教育訓練的ＩＴ公司工讀，然後被聘用成為正職員工。不久後以那份資歷進入ＳＫ通訊（SK Communications）。沒資歷也沒有學歷的我成為了大企業的職員。我在之後的幾年愉快的工作著。自己的能力在職場獲得了認可，也學習到如何洞察ＩＴ業界的最新動向，同時也感受到了極限。我在公司內部不曾因為學歷受過差別待遇，但在大企業內卻看不見自己的未來。

在那個時候國內剛好開始吹起創業的熱潮，我也搭著順風車正式開始學習創業相關的事情。我關注的是網路平台的變化。當時國外正吹著推特與臉書的熱潮，國內反而對這些新平台一點興趣都沒有。當時連谷歌都沒能在韓國獲得大成果，因此國內氾濫著外國平台在國內行不通的偏見。

但是我的想法有點不同。我的判斷是這種新型態的ＳＮＳ（Social Network Service，社群網路）服務在國內也是有可能性的。用當時最炙手可熱的Cyworld進行比喻的話，Cyworld是某人到我的家裡來進行拜訪與溝通的平台。而推特與臉書是不需要去別人家裡就可以跟別人進行溝通

的平台。我只要追蹤某人，那麼某人更新的內容就會被送到我的戶頭，不需要耗費腳程一個一個親自拜訪，我感到興趣與符合自己口味的情報就會自己被送進來。

這真的是一個非常龐大的變化。我當時就直覺ＳＮＳ服務在國內即將引起熱潮，並且預知這會為人生的許多面向帶來變化。如果可以好好的乘坐這股浪潮就可以獲得龐大的成功。而問題卻出在沒有資金。對於一個沒有資歷也沒有學歷的一般職員，誰會相信這樣的人然後投資資金呢？有人建議我去讀夜間部試圖把學歷給補起來，但我沒有那樣做。當時的判斷是，那只會浪費時間而無法獲得大的收益。

苦思之後下的決定是「個人品牌」（Personal Branding）。不要讓自己執著家庭狀況、背景、經歷、學歷等，當下的判斷就是以我的名字三個字為品牌。舉例說如果某個人用「我是〇〇日報的〇〇〇記者。」介紹自己然後邀請做採訪，那麼會如何呢？

一般而言決定是否要進行採訪的關鍵是記者所屬的報社而不是記者的名字。但是進行採訪的人以一人品牌確定樹立自己價值的話呢？這個人的名字本身就可以讓人下定決心。

當時有人將部落格當成是個人品牌的手段。我在TISTORY部落格以buzzbean這個帳號名刊登過關於ＩＴ業界相關的文章，迴響並不如預期。接著想到的候補名單是社群網路，但總覺得那不適合我的個性。

對於ＩＴ動向瞭若指掌的我已經知道在國外有很多透過YouTube建立個人品牌的範例。我聽說能個人親自進行企劃、拍攝以及剪輯影片，並透過YouTube獲得非常龐大的廣告收入。我預見通訊速度與環境的變化，預見整個環境會從消費訊息與照片的時代轉變成消費影片的時代。

因應這種變化的個人品牌也要有所轉變。剛好在之前上班的公司體驗過網路授課相關的企劃、拍攝、剪輯等經驗，所以製作影片對我來說不會困難。但是跟國外不同的YouTube在韓國國內會經歷苦戰卻是一個問題。

縱使將影片上傳到YouTube，但別說獲得收入，當下的情況是連有沒有人來看都是一個問題。隨著時間過去韓國也會導入YouTube個人收入化的模式，但我的心太忙碌，無法只是坐著等待這個變化產生。

那時吸引我注意的是網路直播這個平台。以一人品牌而言，那是一個適合測試自己可能性的領域。之前在SayClub有當過廣播ＤＪ的經驗，所以對節目進行是有信心的。當時網路直播的絕對強者是AfreecaTV，但我的目的並非是賺錢而是架構個人品牌，所以AfreecaTV對我而言並非是好的選擇。雖然沒有收入結構而規模又小，但我決定先在多音TV Pot挑戰一人品牌。

開始苦思創業之後的一年終於踏出屬於一人品牌的第一步。羅棟鉉的一人品牌，大圖書館就這樣開始了。

數位平台營造的分銷革命，主角是一人品牌

直到不久前，想要發揮身為一人品牌的影響力，那麼至少要是當紅的明星或者常在媒體曝光的專家。但現在縱使不是明星，任誰都可以以一人品牌發揮其影響力。透過網路任誰都可以輕鬆的針對情報進行製作、加工，並且可以注入自己的意見。以前是由電視賦予個人影響力與權威，然而現在每個人都可以透過多樣的數位平台親自面對大眾並擴展自己的影響力。

數位平台現在儼然形成了龐大的市場。現在也有無數沒有知名度的個人在數位平台以一人品牌親自面對著消費者。以前想要變成作家就需要某人的幫忙，縱使再怎麼會寫文章，如果不能讓別人讀到作品就無法成為作家。為了讓讀者看到自己的文章就需要出版書籍，那樣就需要願意出版的出版社。另外還需要進行校稿與編輯、設計、負責經銷、宣傳等的專家。

但是現在是沒有別人幫忙也可以讓讀者看見作品的時代。數位平台讓作家與讀者親自進行連結，只要有實力任誰都可以成為作家，可以證明自己身為一人品牌的價值。

我所製作的遊戲綜藝節目也是如此。如果是以前，我的節目是絕對不可能與觀眾見面的。主持人是素人，並且播出的主題還是遊戲。如果是直播時間長達四個小時，完成剪輯的影片從最短二分鐘到一小時等參差不齊。我想沒有任何電視台願意將這種節目編進排程裡，但現在情況卻不

一樣了。

我現在透過YouTube這個平台進行直播，每天晚上與一至二萬名的觀眾見面。上傳到YouTube的剪輯影片紀錄著每天一百萬次的點閱率。全世界一起消費我在位於三成洞的房間裡製作成的內容。不需要額外聘請行銷人員，全世界的廣告會掛進我的內容。這簡直堪稱是分銷的革命。

用手機而不是電視看世界的現代人，對他們而言「大眾又一般的喜好」與「沒有喜好」是同義詞。我們現在的文化座落於中心部位與周邊部位沒有明確界線的時代。人們關注的議題與興趣開始被無限延伸，打開電視有數百個頻道，但有著多樣欲求的人們所關注的議題與興趣遠遠超過那些頻道的台數。那麼誰又能承擔這麼多樣的興趣呢？那就是一人品牌。

一人品牌在數位平台證明並產生自我價值。並且積極運用數位平台所引起的分銷革命，在沒有任何中間商介入的情形下親自與消費者碰頭。現在「品牌力量」並不是專屬於企業的專有名詞了。

一人品牌「大圖書館」從多音TV Pot開始，經過AfreecaTV，現在在YouTube進行活動。YouTube訂閱觀眾超過了一百七十萬人次，直播最多會有兩萬名的觀眾群湧進來。雖然不是明星但廣告收入達到年收入破億。透過演講、粉絲會、演出、活動等各種媒體採訪等，活躍於外部的活動。日後預計要開啟更多樣的頻道以攻略世界市場。

一人品牌大圖書館乘坐著分銷革命的浪潮，成就著如果是大企業的上班族羅棟鉉就不可能完成的多樣事情，並且朝著更大的夢想前進著。

一人品牌需要的並非是資本，需要的是勇氣

最近指著二十幾歲的人都說是「檀君[4]以來最高學經歷」。也是吧，為了面臨「檀君以來最糟的不景氣」突破就業困境，只能是這樣了。不久前，出現了一則讓準備就業的人感到無力的新聞。部分銀行出現造假面試分數，將當初預定被淘汰的名校大學畢業生合格，讓本來合格的其他大學候補人員落選。

某銀行將自己公司會長的曾孫女放在特別聘用清單以此擠進了合格名單上。不是金湯匙，也不是名校出身，那麼在大學四年無論怎麼累積經歷都無法免除需要待業的現實，這個現實情況讓許多年輕人感到憤怒與挫折。

縱使好不容易找到工作，但也永遠無法從職場競爭中獲得自由。因為不安定的聘用環境與薪

4 檀君，韓國民族的始祖。

資條件讓不少二十至三十幾歲的上班族準備轉業或離職。逼近退休年齡的四十至五十幾歲的人也是一樣的。諧星曹世鎬先生的「專業跑單幫族」角色雖然廣受喜愛，但上班族實際上也屬於不知道什麼時候需要打包走人的「專業跑單幫族」。

專業的跑單幫族群啊，現在開始創立一人品牌吧

因為工作不穩定所以很多人自然就會想到創業。不久前看到報紙上某調查顯示八〇%的上班族想著「總有一天想要挑戰創業」等，對於創業抱持著積極的想法。依照調查，嚴肅思考過創業的上班族也超過四五%。想要挑戰的領域別第一名依舊是餐飲業。都說是「起承轉炸雞店」（跟過去的資歷一點都不相關的，在辭職後沒有事情可以做所以開了炸雞店，新造語），原來真的是如此。

但是我們透過直接或間接的經驗得知「起承轉炸雞店」獲得成功的可能性是不高的。如果店面是自己或房東是自己的父母親可能還難說，但第一個問題就是房租。經過各種曲折開店了，但要讓店面不倒閉撐在那裡也是一個問題。不要對這些創業失敗的人們說「你就當作是學到好的經驗然後再次站起來吧」！將一輩子辛苦工作存起來的錢散光已經很虛脫，竟然還要將這份失敗當

作學習費用，那這個代價也實在太大太痛了。

有句話說富有挑戰精神的人會夢想著創業，喜歡安定的人會留在職場。對活在平均壽命一百歲與早期退休時代的現代人而言，或許創業是無法逃避的選擇。縱使營造出「檀君以來最高學經歷」依舊無法就業的人們，沒有高學歷經歷而總是在面試時滑鐵盧的人們，雖然在職場工作但對環境依舊感到不安的人，不喜歡現在工作的人，對這些人而言創業可以成為另外一個機會。

然而，不能以既有的方式挑戰創業這件事情，需要用完全不同的方式靠近這個目標。首先不要把所有的勝負賭在創業上，如果有工作就建議繼續上班，並且建議投資最少的資本。如果辭職並且把所有的積蓄全部投資在創業，那麼風險會太大而且失敗就很難爬起來。

差不多在這個時候會有人提出這樣的疑問：「難道沒有不用投資時間與金錢就可以成功的創業項目嗎？」當然有的，那就是一人品牌。

還在夢想著以量取勝嗎？

男子偶像團體防彈少年團在國內引起很大的話題。在美國告示牌排行榜獲得「最佳社群網站藝人獎項」，進入的美國告示牌排行榜「百大單曲榜」，在二〇一七年全美音樂獎頒獎典禮進行獨立演出，在超過五十多個國家的iTunes排行榜獲得第一名……，他們將團體推廣到海外幾個月內就完成了這些壯舉，這真的是令人感到驚訝的成果。依照音樂相關業界人士的陳述，觀察防彈少年團的浪潮擴散的態勢，他們絕對不會是稍縱即逝的明星。

防彈少年團能夠在短時間內橫掃美國市場的秘訣是什麼？每位成員的魅力與實力，誠懇踏實，真心的與粉絲們進行溝通，製作人房時爀先生的企劃能力等，這所有的元素都被視為是獲取成功的秘訣。但我覺得這並不是全部，試圖攻佔美國的Wonder Girls敗北並不是因為在魅力與誠懇踏實層面上輸給防彈少年團。

Wonder Girls為了進入美國市場，親自拜訪了當地製作人與業界相關人士，並且花很長的時間徹底準備在地化。因為有JYP這個龐大的公司在背後做支撐才有辦法進行這種規格的準備作業。但是很遺憾的，Wonder Girls的美國夢失敗了。相對的，PSY在一次都沒有宣傳的情境下創下壯舉。應該是說，PSY在一開始就沒有想過要去國外，但全球卻開始了〈江南Style〉的熱潮。這個範例算是透徹的利用了YouTube的行銷角色。

防彈少年團的海外市場策略一開始是處於跟PSY類似的處境。防彈少年團的經紀公司並沒有規劃這個團體去美國，也就是說當初規劃這個團體的時候並沒有覺得要去美國進行宣傳的意圖與目標。身為中小企業的Big Hit經紀公司為了降低防彈少年團的宣傳費用，積極地運用

一人品牌，想要證明自我的價值，那麼相較於技術層面，要試著在企劃力與創意層面決一勝負。觀眾想要的不是超過無線電視水準的影片，而是新鮮又富有創意的內容。

如果是網路直播的新手，那麼準備約二十萬韓圜（約五千五百元台幣）的麥克風，約十萬韓圜（約二千七百元台幣）的網路攝影機以及平常使用的電腦與網路就完成準備作業了。我總是建議新手進行剪輯播出更勝於做網路直播。為了能夠進行剪輯，要準備二至三個約十萬韓圜的LED照明燈與三腳架。拍攝與編輯用平常使用的手機或者電腦就很夠用了。

我當初可以輕易挑戰一人品牌是因為一開始幾乎沒花什麼費用的緣故。最近看報紙上寫說要開炸雞店需要準備保證金之外的月租、加盟費用、履行合約保證金，裝潢與廚房設備等費用等，需要投資的創業費用平均是四千萬韓圜（約一百萬台幣）。如果當初的初期投資基金是這種規模，那麼我想我應該是不敢貿然進行挑戰的。

身為一人品牌需要的資本僅僅是月薪的一〇%

有人可能會覺得如果資金足夠，那麼邁向一人品牌之路好像會比較容易一點，但事實卻正好相反。投資的金額越少，在開始的時候就越沒有壓力。月薪的一〇%就足夠了，就想成是投資自己興趣的費用。不用投資大錢就可以感受小成就感與趣味，那就是一人品牌的魅力。

當我開始擁有了大圖書館的品牌力量，很多人陸續開始找來說要進行投資。大企業職員羅棟鉉不可能獲取的投資基金，卻由身為一人品牌的大圖書館輕易做到了。然而當時的我回絕了所有投資提案，日後也無意接受投資。這是為了不被投資者影響而守住身為一人品牌的價值。

對於一人品牌而言，去貸款或者接受投資的失更大於得。因為被需要創造營收的壓迫感糾纏，容易輕易遺失既有的品牌價值。我一直強調不需要大筆投資基金即可創業是一件重要的事情，而這個事情背後的理由就在於此，無論是花我的錢還是別人的錢，只要是拉進超過負荷範圍之外的資金，在那個資金被拉進來的瞬間，創業的喜悅將消失無蹤，只是徒留壓力與負擔。

錢這個東西非常奇怪，只要想用力抓就抓不到，不抓反而就容易被握在手裡。誰會討厭錢呢？但是在工作的過程中所感受到的成就感與喜悅，從過程中帶來的成長才應該被放在優先的位置。在那個過程中如果有錢跟過來就是錦上添花，但如果賺錢是一人品牌的絕對目的，那麼這種一人品牌是很難成功的。對祭祀不感興趣只想吃祭祀桌上的食物，那又怎麼可能順利完成祭祀呢？將我的消費者想要什麼、要用什麼東西報答消費者作為指標吧！那就絕對不會發生一人品牌關店的事情。

只要投資月薪的一〇%，那縱使創業失敗但人生卻不會跟著滅亡。所以請拿出勇氣，不要只是在面試官面前試著證明自己的價值與能力，請試著透過做自己喜歡的事情親自驗證自己的能耐。就算是黑湯匙，不是名校畢業也不要陷於挫敗的泥沼，試著培養自己的價值與品牌力量。誰知道呢？今天你拿出來的這份小小的勇氣，會成為日後照亮人生道路的明燈。

對現在感到枯燥卻又不安於未來，那麼多職NJober[5]是你的答案

體悟到不需要學歷資歷的一人品牌時代來了，那現在該做什麼呢？可能覺得要先從這個令人感到厭煩的職場離開吧！

我在開始進行遊戲播出之前，差不多會花一個小時跟觀眾聊天。有些時候也會回應觀眾寫在聊天視窗的煩惱，偶爾會看見觀眾留言說想要辭職做別的事情。有些時候也會看到觀眾寫說為了成為創作者（creator）要馬上放下學業。大圖書館既沒有上大學，也有離開大企業的先例，所以可能覺得我比任何人都能理解觀眾想要放棄工作與學業的心情，然後留下這種訊息。

我當然能夠理解那種心情。但我並不鼓勵這樣做。為了成為創作者根本不需要離開職場。或者說，反而要繼續上班。

可以寫出師表但別寫辭職信[6]

聽說最近的大學生競爭程度強到令人感到血都快枯乾了。大部分的大學生要忙著打工，忙著累積資歷與拿到學分，一天二十四小時簡直都快不夠用了。但是請不要忘記大學時期是可以不用計較利害關係的，是可以持有「純粹人際關係」的最後一段時期。要結交多樣的朋友，透過朋友增廣見聞，如果有志同道合的朋友就自主性的試著嘗試某種經驗，這才是大學生活的特權也是優點。

如果是對成為創作者有興趣的人們，那麼在大學時期形成的人際網路尤其會成為助益。我會在後面進行詳盡的解釋，同時兼具卓越企劃能力與能夠成為某領域專家的人是稀少的。如果我是企劃人員就需要專家，相對的如果我是專家則需要企劃人員。想要形成這種互補的關係，那麼沒有比大學時期形成的人際網路更好的了。無論在哪裡從事什麼行業，人脈永遠都是偉大的資產。

比較重要的是，在大學時期中斷學業的風險實在太大了。比爾・蓋茲在哈佛大學中輟創立了

5 NJober，將做N個工作的人的英文單字做結合的新造語。

6 註：韓文的出師表與辭書的的後兩個音相同。

微軟是非常有名的事情。但是因為這樣就覺得他為了創業盲目的放棄了學業，那麼就大錯特錯了。他確認了危險元素並且盡最大的努力預備了備案。他向父母親取得將穩定給予財務上支持的承諾，並且他沒有輟學而是辦理休學。

比別人早一兩年進入社會並不代表自己有機會超前那麼多的時間。或許可能會覺得在緊迫的情況下承擔著風險，也因為這份風險讓自己更努力，因為那麼的努力可能就會有好的成果，但現實卻不是這樣的。在追逐立即利益的過程中會提升犯錯的機率。因為覺得自己賭上所有一切的壓迫感，容易讓自己失去客觀的判斷而做出錯誤的選擇。在這種情況下如果跌倒就很難再次爬起來。

意味著一就業就準備辭職（退社）的「退準生」在「就準生」（準備就業的人）之後廣為流傳著。有鑑於這種大環境，身為上班族想要馬上離職的渴望肯定是更大的。如果無法從工作感到樂趣或者興趣，那麼這份煩惱就會更深了。要待在安穩的工作承受著無聊，還是離職去尋找自己喜歡的事情，會讓人站在冒險之旅的分歧路口。

但一定要做出二選一的選擇嗎？這兩者是無法並立的排他選項嗎？會不會其實可以同時選兩個呢？

投資的基本就是分散。雞蛋不能放在同一個籃子裡，要試著減少風險。工作其實也是一樣的。在一件事情投注所有的時間與能量，那這樣的風險就太大了，更不用說可以做一輩子的工作，現在這個時代不就是連明天的工作都無法獲得保障的時代嗎？在這種時候何必硬要辭職。

當然也會發生無法兼顧的情況。舉例說如果在公司行號上班的人就無法在電影拍攝現場工作，但是如果想要成為創作者，那不需要刻意辭掉工作，反而更需要緊緊抓牢。

工作所提供的經濟上的安定感對於創作者來說是珍貴的事業資本，也是獨特與創意的來源。全球知名的眼鏡公司瓦爾比派克（Warby Parker）是由在賓州大學華盛頓學院讀書的四位同學集結創意開始的。但是他們的創業故事有點特別。很多人建議直接輟學將所有的心力投注在創業，但他們並沒有那樣做，因為他們想要將失敗時的風險降到最低。他們的指導教授亞當．格蘭特（Adam Grant）在《離經叛道：不按常理出牌的人如何改變世界》（Originals）這本書籍裡分析瓦爾比派克的成功，格蘭特將他們的成功歸功於迴避危險追求安全，並且強調首先要確定獲得安定的感覺才能發揮獨創性。

依照一份調查顯示，邊上班邊創業的人與辭職之後創業的人，兩者之間失敗的機率前者要比後者低三三％。你可能覺得提辭呈背水一戰才會打起精神全力衝刺事業，但事實卻剛好相反。

縱使如此卻刻意將自己逼入絕境，有需要為了創業這樣為難自己讓自己感到辛苦嗎？這是值得再次思考的問題。

不可以急著辭職的理由

工作保障安定的收入與福利，並且可以學習技能（know-how）與累積人脈，並有機會學習團隊作業。另外有時也可以透過工作所負責的業務獲得新的創業點子與靈感，我就是這樣的。

在當完兵之後，曾經透過朋友介紹在ＩＴ公司當工讀生。在那裡看到企劃人員工作的樣子，覺得企劃真的是一個有趣的領域，那時才知道企劃這個東西適合我的個性。其實在那之前，對於自己喜歡什麼、適合做什麼事情是不太確定的。

我在那間公司做的是整理文件等的單純業務，偶爾跟著服務端的企劃前輩進去開會。有時前輩們會問我的意見，那時我就會從幾個觀點認真進行回答。公司可能肯定了那樣的我，在三個月之後提議要升我當正職員工。

當時是遠距教學（e-learning）起始的階段，因此授課相關的影片大多都委外給外包廠商進行製作。外包的費用固然昂貴，但相較於挖角電視台的製作人在公司內部組成媒體團隊，花錢外包的壓力反而比較小。公司向我提出希望升我當正職員工的其中一個理由也在這裡。公司希望可以在內部自行拍攝上課影片並且進行剪輯。

對於公司內外部情況瞭若指掌的我，在被提議是否可以製作上課的影片時，我無條件的回答我做得到。雖然不曾有過製作影片的經驗，但那是公司一定需要的事情，我覺得這對我來說是好的機會。

之後的幾個月在網路上進行搜尋，穿梭在研討會之間獨自學習如何拍攝與剪輯影片。這個經驗在日後的大圖書館TV成了非常大的幫助。現在雖然聘請了專業的剪輯人員，但在一開始的幾年都是由我親自經手從錄影到剪輯的所有事情。

之後被公司提議接手老師們的服裝、髮型以及化妝等類似管理全方位造型的事務，公司也希望我能思考如何用比較有效果的方式上課，我想這應該算是某種製作人的角色。憑藉著這份工作的經驗，在日後幫大圖書館打理造型並進行播出時。都從過去的經驗中得到諸多的靈感。

就這樣工作幾年後決定轉職，我的目標是到在當時教育訓練相關IT產業位居第二的ETOOS。我選擇第二名的ETOOS而不是第一名的MEGASTUDY是有理由的。聽說業界第二名比第一名投資更多的廣告費用，第一名有著在經營既有的規模之下守住位置的心態，而第二名則是為了搶奪第一名的位置只能進行挑戰。我揣測可以破格聘用沒有學歷與資格證的我的公司就是業界第二名的ETOOS。我那時透過友人聽說ETOOS很快就要被SK進行合併的消息，這讓我更加堅定自己的心意。

履歷表上沒有大學畢業證書也沒有資格證，有的只有駕照這麼一個資格證，這讓我自己都感到有點丟臉，但我對自我介紹卻是很有信心的。在那個時候如果要進行自我介紹，大多是以「我是一男三女中的老大，所以…」之類的規格。而我則是用完全嶄新的方式撰寫自我介紹信。我寫出的是類似企劃案般建議貴公司的官方網站可以進行哪些調整等的內容。很幸運的這個策略獲得成功，讓我成功的進入ETOOS。接著當時因為Cyworld股價一直往上的SK Communications與ETOOS進行合併，所以就這樣變成了大企業的職員。

在SK Communications工作改變了我看IT業界的視野。該說是用自己身體的每一個細胞接受著一個賺錢的IT企業是如何運作嗎?本來以為大企業關心的只有營利，但事實卻不是這樣，那只是我的偏見。我在那個時候學到縱使在當下需要花更多的錢，但要找出以長遠角度來說比較好的方案。我在那個時候學到要看的遠，要能描繪出比較大的願景並且讀懂趨勢。我在那個過程中發現在海外有創作者透過YouTube創造出非常龐大的收入，那時是我第一次發現了叫做一人創作者這個領域的可能性。

如果沒有這種經驗或者就不會有現在的大圖書館了。透過工作發現了叫做企劃的領域，熟悉了拍攝、剪輯與關於節目播出等的細部技術，也獲得了對於IT業界整體性的洞察能力。

差不多該是進行告解的時候了。我其實在多音TV Pot開始網路播出沒多久就離開了SK Communications。這樣的我卻口口聲聲勸別人不要離職，這種態度可能令人覺得很矛盾吧！

當時的情況跟現在不太一樣。當時的一人媒體就是直播，我需要在上下班通勤耗費一天三到四小時時間的情況下還要維持邊直播邊上班生活，這是幾乎不可能的事情。當時在播出一個星期就因為甘地影片大紅，我覺得自己身為一人創作者的成功機率很高，而這份判斷影響我做出了決定。高中時父親過世，在SK Communications工作的時候連母親都過世的我，當時是一個人，因此覺得一人飽全家飽的想法也幫助我下了決定。如果父母親中有一位還在世的話，那我想當時的我就不會有離開大企業的勇氣。

但是離開那份工作的代價是非常嚴酷的。當時的多音TV Pot沒有獲利結構，連續幾個月吃老本賺不到一分錢，然後在某個時間點之後連老本與米缸都開始見底了。餓了好幾頓開始翻著廚房的櫃子，發現了裝在塑膠袋中份量如拳頭大的白米，我用那份米煮了米水撐了整整三天。

當時的觀眾連作夢都想不到我是忍著飢餓進行著直播。因為每天晚上進行著直播的我一如往常的用明亮又正向的聲音播出節目，好似一點煩惱都沒有。從生活苦難中把我拯救出來的是我的小嬸。如果沒有「小嬸基金」，那麼那個時期可能會更加的困難。

現在想要挑戰一人創作者的新手沒有需要離職的理由。網路直播每天晚上要進行三到四小時才能獲取固定的收視觀眾，所以直播與上班並行的生活可能有其困難性，然而如果是上傳剪輯過的影片到YouTube，那麼邊上班邊進行這份作業則是綽綽有餘的。只要投資週末兩天就可以完成從拍攝、剪輯直到預約上傳的作業流程，並可以以這種投資充分驗證自己的可能性。

那麼該在什麼時候辭職呢？每個人的標準可能都不一樣。無論標準是什麼，身為創作者直到構築安定的基礎，直到再也無法與自己的工作並行時，那個時間點就是該離職時的時候。到那個時間來臨之前，就在心裡寫好辭職信就可以了。

如果煩惱要辭職還是創業，那麼答案是多職人（NJober）

最近有一個叫做「Gudak」的APP很受歡迎。那是一個收取費用的拍照APP，一次最多可以拍下二十四張照片，想要看拍出來的照片需要等三天。因為這種類比（Analog）的魅力讓Gudak APP不只在國內，在海外十七個國家都創下第一名的下載量，賺取超過百萬美金的金額。

不久前才看到開發這個APP的新創公司SCREW BAR的代表江相動（音譯）先生接受記者的採訪，原來他的本業不是開發APP而是美術學院院長。一起開發APP的其他三位成員也都有屬於自己的本業。SCREW BAR的四人每週聚集一次，在咖啡廳集合聊天然後做出來的APP就是Gudak。每位成員都有屬於自己的本業，所以在經濟上不會感到急迫與負擔，就是因為有趣想要做些有價值的事情，丟出來的創意竟然造成了轟動。

現在有個新造語用來形容這種除了本業之外還有其他職業的人，而那個新造語是「多職人」（NJober）。這跟曾經有段時間流行的「雙工族」（TwoJob）感覺不太一樣。雙工族是因為無法以本業維持生計所以才需要擴展副業，過著沒日沒夜忙碌於工作的人們。感覺上用雙工族進行檢索就會跟「辛苦」、「勞累」、「急迫」這些詞彙連接在一起。

多職人是不同的。如果要挑選出相關的詞彙，那麼可能適合「有趣的」、「有多餘心理空間的」、「鬆鬆的」等詞彙。也就是說維持生計的是本業，為了尋找樂趣與自我實現追逐其他職業的人就是多職人。因為沒有一定要透過這份工作賺錢的野心所以不會感到緊迫，因為不緊迫所以可以盡情的發揮創意。因為發揮了創意所以「預料之外」的賺到錢或者產生新的職業。

這就是我所想的「最優質的一人品牌入門課程」。如果辭職、放棄學業，用「賭上我人生一切」的悲壯心情開始，那麼該成功的事情都不會成功。開始一人品牌不是賭上自己的人生、自己全部的財產，而是從日常生活中開始一點點的改變並逐步擴張而成的。

如果到現在的人生目標是在工作中得到肯定並獲得升遷，那麼請把往上爬的視線稍微轉向旁邊看一下周圍，試著找自己的興趣與自己關注的事情。我的意思是說維持自己本業的同時運用一部份的薪資與休閒時間試試別的事情。讓我的生活變得更有價值更豐富的事情，為了以防萬一可以當成保險的事情，如果在過程中失敗了呢？那也沒有關係。投資的時間、努力以及資本都小所以不算是大損失。相對的，透過那件事情獲得的經驗與樂趣會變成屬於自己的東西。

多職人不是特別的人。對現在感到枯燥卻又不安於未來，那麼任誰都可以成為多職人。以前長輩們說學藝要專精，那已經變成過期而老舊的事情。這裡看一看那裡摸一摸，試著刺探與品嚐進行一些嘗試。然而，請一定要記得在本業之外進行的額外活動需要投資少的金錢與能量。總是要把本業放在第一順位，維持住本業然後做別的事情時才會感到更多的樂趣。

如果成為有好幾張名片的多職人，以多職人的身份過幾個月就會發現生活整個變了。就算跟誰見面也不會想要講大叔上司的壞話，也不會哭訴業務壓力，而是兩眼發光的訴說著最近在做的超棒又帥氣的事情。如果運氣好，如果像靈光乍現一般的有什麼想法浮現，那麼好幾張名片轉眼就會變成好幾本存摺。如果沒有就算了，這就是多職人的心態！

為了成就一人品牌的例行公事（routine），投資週末兩天吧！

一人媒體的成功秘訣是不花時間與金錢。感覺上好像要拉攏資金用盡一切辦法榨出創意，不斷的修正又修正就會產生好的內容，但事實卻不是這樣的。完美的內容不是一個人，而是與市場有所呼應一起製作而成的。首先製作好內容然後發現觀眾反應不好時再進行修正就可以了。一人媒體的優點就是可以靈敏的進行應對及迅速修正不是嗎？

第一次挑戰YouTube的人不想歷經這樣的過程，會想要從一開始就製作出完美的內容。我的太太YunDaneg（Yum-cast）也是如此。當一直做直播的她要第一次製作剪輯影片時，她在這中間差不多花了六個月的時間進行考慮。新手並不知道要讓觀眾看到完成的作品是一件重要的事情。

比一百次練習更珍貴有用的，實戰的力量

以前曾經看過漫畫家姜草的採訪。記者請教姜草「請你幫想要成為網漫作家的人說幾句話」時，作家姜草是這樣回答的。

「請不要畫練習的作品。」

不練習就可以成為漫畫家？聽到的瞬間有點傻住了，不過作家姜草接下來說的話讓我點頭如搗蒜。

「志願是成為漫畫家的人通常犯的錯誤就是只畫練習的作品。開始起筆然後覺得不好就重來，再畫一下覺得不行就放棄…我的意思是不要那樣。將一部作品從頭做到完的經驗是非常重要的。一部實戰勝過一百部練習作品，所以不要窩在房間裡畫練習的作品，需要有讓自己作品問世的勇氣。」

都說大師之間是相通的，我也曾經聽過漫畫家朱浩閔（音譯）（Joo Ho-min）說過類似的話。朱浩敏先生曾經擔任EBS〈大圖書館雜SHOW〉網漫作家篇的來賓時說出自己的故事。

「每天有很多人問我想要成為網漫作家要怎麼辦。每次聽到這個問題時我都會做出同樣的回答。用文字或者話語解釋沒有太大的意義，所以請先把原稿寄給我，我會依照看到的原稿給出恰

當的建議，不過沒有人寄送原稿給我，也就是沒有可以寄出的原稿。所以請先開始作畫吧！成為網漫作家的第一個方法就是畫畫，第二個方法就是完成作品。」

我試著在兩位漫畫家已經建立好的基礎上再多加一點，我想諸位想要表達的意思是不要堅持完美主義。縱使不是完美的內容也沒關係。先上傳上去，得到回應，再次做出內容然後再次收到回應就可以了。透過這種過程可以理解觀眾想要的東西，也可以驗證自己的能力而內容的質量也會慢慢的被提升。

有句話叫做「量質轉換」。當量被累積到一定的水準時，就會在質的層面產生變化。沒有比這更適合一人媒體的話了。縱使有些不足，但在反覆製作出內容，將內容一部又一部累積在頻道裡時，在某個瞬間發現增加的不單是內容的量，而在質的層面上也產生變化。

然而大部分的人想要從一開始就製作出完美的內容，所以獨自孤軍奮戰。然後因為付出了這麼龐大的努力所以覺得觀眾理所當然會有好的反應。反應好那就太好了，但新手透過第一次製作單一內容獲得大成功的可能性是非常低的。普遍的反應就是沒有反應，過了一個星期或是一個月後點閱率並沒有提升到自己的預期所以陷入絕望，同時讓人遺失上傳內容的勇氣。

想要製作完美內容的過度慾望容易讓一人媒體用罷工作為結尾。先放下要在吃第一口的時候就吃飽的念頭，也不要一開始就想要做出好的內容，重要的是要完成內容並傳上去。一直持續上傳自己的內容就會知道哪裡有問題，而也只有把什麼東西如何做完並上傳過的人才能理解箇中的奧妙。

有些人建議新手觀察某些發展不錯的一人媒體並試著以此作為標竿。但我的想法有點不同，一人媒體新手如果看大圖書館TV現在製作完成的內容，那麼所感受到的就只是萎縮的感覺，原因是因為自己親自製作內容的新手是跟不上目前大圖書館TV的拍攝裝備與人力。想要製作出與知名創作者一樣的內容的貪念反而會扯新手的後腿，讓新手裹足不前什麼都不能做。

其實我也不太看其他一人創作者的直播。如果看到自己喜歡的創作者，那麼會不自覺的學那個人的說話口氣或風格，所以這是很危險的。這樣一來直到現在被觀眾喜愛的大圖書館的個性與特色就會產生動搖了。縱使不看其他創作者的播出，但依舊可以從電影、連續劇、書籍、漫畫等其他媒體充足的獲得靈感。

有些時候有人會提出這樣的問題。

「大圖書館你製作那麼多的內容，也拍廣告。那都沒有曾經感到靈感枯竭的時候嗎？」

我的字典裡沒有靈感枯竭。這不是自我賣弄。如果我覺得自己是藝術家，那麼在想到創作時可能會覺得痛苦或者覺得有靈感枯竭等問題。但我不是藝術家，我的內容也不是藝術作品。沒有任何人期待我的內容是藝術作品。觀眾在結束勞累的一天之後打開電腦坐在螢幕前看著大圖書館TV，希望從中獲得小小的歡笑與共鳴。期望聽著大圖書館親切的笑話並與其他觀眾進行溝通。所以不需要太過用力。當我可以放下壓力輕鬆愉快的做出內容才能讓觀眾也享受在其中。

不會有任何人要求新手製作出完美的內容。首先將右腳跨出去，再來就是左腳，再來右腳，接著又是左腳……。一開始覺得彆扭的腳步在不知不覺中變自然而呼吸也變得輕鬆了。停留在自己腳根的視線開始可以看向地平線，也可以看看天空。只要開始就會看到前面的路。

週末僅僅兩天的魔法，只要開始就一定可以做出什麼

「又要加班又要聚餐，身體跟心理都累攤了還有什麼力氣挑戰一人媒體？」

我雖然說只要花比較少的時間就可以進行作業，但最近的上班族真的很忙很累，所以連出抽一點時間都會覺得有壓力。這樣下去就會覺得「我準備的還不夠」，「覺得還不是時候」發生一天拖著一天的情境。

最近有很多人開始強調起「例行公事」的重要性。要將吃飯睡覺等日常生活規律化才能讓身心健康，這樣才能讓自己更專注於工作。我也努力試著遵守日常的例行公事。我一個星期大約做

四到五次的直播，從晚上十至十一點開始進行三到四小時。因為直播在半夜結束所以起床時間也是晚的，若沒有其他通告時會努力讓自己在九至十點起床，這樣才不會打亂生理時鐘。因為通告讓生理時鐘頻繁變動，那麼縱使做一樣的工作也更容易感到疲倦。

你可能覺得明星跟藝術家好像沒有固定的工作份量，可能覺得他們是依照自己的喜好在進行工作，但其實不是這樣的。看村上春樹的作品《身為職業小說家》的話就知道他有多遵守例行公事。一早起來結束慢跑後上午進行寫作，下午或是休息或是聽音樂。他可以不斷寫出小說的力量就是來自於重複平凡的日常生活。

想要開始一人媒體的人們也需要在自己的日常生活做出屬於自己的例行公事。如果想要隨心所欲，想到什麼就做什麼的話一輩子就只能是「作夢的人」。

我建議的一人媒體例行日常生活是這樣的。一個星期製作、剪輯兩部五分鐘的影片，並在週末安排行程然後逐一上傳。平日的例行日常生活是在工作時或在學校想到什麼點子，想到時簡短記錄下來，這也是我建議不要離職的原因。在平凡的上班生活反而容易意外獲得很多點子。能夠引起觀眾共鳴的內容不是從天上掉下來的奇異故事，而是任誰都體驗過的平凡的日常生活故事。跟朋友、同事分享的美食餐廳，聊關於明星的八卦才是適合一人媒體的素材。

我不會另外抽時間出來想點子。通常都是在看電視或聽音樂，或者像是在洗澡這種日常生活中忽然想到什麼。像這樣忽然冒出無數點子意味著自己總是將一部份的專注力投入在工作的證據。在人潮擁擠的明洞街頭正中央，不是也能一眼就看出相愛的情侶嗎?那就表示自己正專注於戀愛之中，同理可證如果專注在工作達到一個程度的時候，無論是呆滯的看著電影、新聞、連續劇，只要出現關於工作的情報就會被聽進耳裡或者出現靈感乍現的情況。

如果想要將一天數次出現的粗糙點子發展成企劃，那每天至少要投資十分鐘。晚餐與晚上可能因為約會或聚餐、加班等事情，很難在每天固定的時間進行此作業，所以像是上班通勤這種絕對不會出現差錯的規律日常生活中，建議在這種時間塞入這十分鐘。如果是晨型人，那麼靈活運用上班前的十分鐘是很好的方法。

透過這種方式完成企劃案並在週末兩天進行拍攝與剪輯。想要製作五分鐘的影片一份，就可以想成大約需要一小時的準備時間，一小時的拍攝時間。在星期六集中進行拍攝，星期天進行剪輯。依照這種步驟完成兩部影片接著做預約上傳的手續。將新影片上傳的星期與時間預先定好，就會幫助獲取固定的觀眾群。按照想要播出的星期與時間預先做好上傳預約，那麼就完成了一星期的例行公事。在下一個星期又利用零碎的時間想著創意點子然後檢查自己頻道的觀眾留言。反覆每天花十分鐘寫企劃案，週末進行拍攝與剪輯的日常。

「週間工作都嫌不夠，連週末都要工作嗎？」如果你不自覺的嘆出一口氣，那麼建議再次檢查內容的素材。如果要將自己真的喜歡又擅長的事情製作成內容，那麼週末進行的拍攝與剪輯不是工作反而是興趣活動。尤其身為一人媒體的創作者，更要能愉快的進行這些作業。不會有人覺得拖著疲憊的身心勉為其難製作出的內容是有趣的。

諧星姜友美（音譯Kang Yu-mi）小姐經營的YouTube頻道名稱是〈因為喜歡才做的頻道〉（暫譯）。那個頻道不是為了賺錢或者想要變有名而榨乾靈感，強迫自己為觀眾帶來歡笑的頻道。姜友美小姐就好像鄰居大姐姐一樣，親切的分享著自己的日常生活，真的就是因為「自己喜歡才做的頻道」。這種真誠與真實才是姜友美小姐的頻道獲得人氣的秘訣。

每當到大學演講時，關於一人媒體相關的具體提問傾巢而出。但是只要一聽問題就知道對方有沒有製作過內容。實際製作過內容的人，提出的問題是更具體的。相對的沒有製作過內容的人詢問的比較多是偏向要不要做，還在那裡敲打石橋看要不要讓自己走過那座橋[7]。

我通常會建議與其花時間擔心，不如先定下日常例行公事開始製作內容。如果沒有很強的企圖心也沒有興趣但是想要提高業外收入，那麼只要持續二到三年進行這套例行公事就一定可以得到自己期待的成果。週末只有兩天，用僅僅週末兩天的時間測試我的品牌價值，可以獲得培養自己的可能性的機會，那這不是值得挑戰的事情嗎？

請不要忘記世界上沒有完美的點子。對於完美點子的執著反而阻擋了思想自由延伸擴張的路徑。就算不卓越也沒有關係，不完美也沒關係，首先製作然後完成，接著將作品傳到YouTube吧！上傳一部內容，那麼接著傳第二部就會變得容易多了。好的開始就是成功的一半，這句話可謂是一人媒體的真理。

---

7 돌다리도 두드려서 건너다.韓國諺語，縱使是石頭橋也要敲敲看是否穩當才走過去，意味著要謹慎。

用只屬於我的內容寫出新的成功方程式

舉例說最近聽到久違的國中同學的消息。

「他最近在幹嗎？」

「不是在〇〇電子上班嗎？聽說不久前還升課長了？」

「真的假的？太棒了。要叫他請客了。」

直到不久前，聽到這種對話都不會覺得奇怪。我的公司、我的職務就等於是我這個人。一張公司的名片顯示出我的能力、能耐以及價值，也成為顯示未來的量測器。如果是在大企業上班，或者是從事「師」字輩的職業，那麼不管這個人實際是什麼樣的人，他的未來都是被保障的。但是人們的想法不知道從什麼時候開始出現了變化。

「他不是在〇〇電子上班嗎？聽說不久前還升課長了？」

「這樣啊，聽說那裡最近也挺難的，不知道他可以撐到幾歲。」

這不是我上班的公司，我自己就是品牌

二〇一六年主要十三大企業聘用的新職員總名額為八千八百人，每一年進入法院、檢察署、大型法律事務所的人員是三百至四百人。九級公務員平均競爭率是五十四比一，公立中學聘用考試平均競爭率是十比一。

經濟成長率降低讓優質的職缺急遽減少，「名校大學畢業證書＝就業密技（cheat key，在玩遊戲時為了通關而使用的秘密命令）」的公式被瓦解了。縱使可以通過就業的針孔縫隙，但也沒有像是「從此以後過著幸福快樂的生活」那種童話般的結局。我的名片不是「一輩子保證書」而是「臨時掛牌」。如果無法在升遷過程的公司內部政治鬥爭與競爭中存活下來，那麼連明天的安危都無法獲得保障。

從「四五整（讀音與『沙悟淨』一樣）」（滿四十五歲）開始到「五六盜（讀音與『五六島』[8]一樣）」（如果在職場可以活到五十六歲就是強盜）接著流行起「人生二毛作」[9]，現在連

---

8 五六島為韓國府山著名觀光景點。

9 「人生二毛作」由首爾大學生命科學系的崔在天教授創作的描述語，將邁入老年期後可以「再次裝滿（refill）」詮釋成較有趣味的「人生二毛作」。

「人生三毛作」都嫌不夠竟然發展到「人生四毛作」了。電視不斷警告說因應第四次工業革命的到來，很快就會由人工智能取代人類的工作，所以現在到了要跟人工智能搶飯碗的時代了。因為這種危機意識甚至開始傳出「第四次工業革命」是「死次工業革命」了。

「認真讀書然後找份安穩的工作，用將自己的屍骨埋到那間公司的決心認真工作吧！那樣才會成功。」

現在連國中生都不會相信這種話。世界的法則、成功公式都變了。職場工作無法成為保障生活的安全網，那就更沒有只專注在一份工作的理由，也沒有明明不喜歡卻強迫自己要做的理由。現在到了不是去求職而是自己主動製造工作的時代。不要想依靠自己所屬的公司，要試著自己驗證自己的價值。不要眷戀著薪水強迫自己做不喜歡的事情，而是在自己喜歡的領域愉快的工作。

做這種事情的人就是一人品牌。一人品牌就是新時代的成功方程式。我屬於哪個單位、有著什麼背景都不重要，在這個時代，資歷跟學歷已經無法成為爬往成功的階梯，現在把老舊的階梯踢開，到了該用最像我的方式驗證自我價值的時間了。

親自創造屬於自己的價值並進行驗證的人們

諧星宋恩伊（SongEun-le）小姐最近廣受矚目，人氣扶搖直上。女性藝人在電視立足之地漸漸消失之際，宋恩伊小姐走出了比較特別的路。她與同樣失去立足之地的金淑（Kimsuk）小姐一起開始叫做〈保證秘密〉（暫譯）的播客（Podcast）節目。這個播客節目以令人畏懼的氣勢獲得人氣，這兩個人以此開始了無線電視台SBS的廣播節目〈宋恩伊，金淑的姐姐家廣播〉。金淑以〈保證秘密〉為基礎縱橫於各種綜藝節目，並且詮釋出扳倒父權制的「母權制」而被稱為「帥氣女生」（Girl Crush）、「神淑」（God suk），正享受著第二波的全盛時期。

因為〈保證秘密〉獲得成功，讓宋恩伊小姐創立了製作公司「內容實驗室（內容Lab）VIVO」，接著在播客推出〈金生珉的收據〉（Kim Saeng-min's Receipt，暫譯）。這個播客節目不負眾望推出如「GREAT!」、「STUPID!」以及「錢是用來不花的」等名言而引起了很大的轟動，最終登入KBS無線電視台變成了正式編入排程的節目。

宋恩伊小姐打破無線電視台排擠女性藝人的陳規，編織出屬於自己的局面。她不只親自為自己與後輩們製作舞台，並逆向操作開始經營起無線電視的出路。她確實的以一人品牌在人們的心中烙印「製作人宋恩伊」這個印象，她親自製作出自己的價值，同時也驗證了這件事情。

幾年前，我曾經在名校醫學大學做過演講。大家可能覺得讀醫學院的學生未來是順暢的，但他們對未來的擔憂其實也是跟眾人一樣的。令人感到印象深刻的是，有許多學生思考著身為醫師成就個人品牌的事情。「專業職種就業順暢」已經變成古早的傳說了，他們覺得現在的醫師要能夠成為一個品牌才能有立足之地。

「上電視、出書這些事情都是要遇到伯樂才能做的事情。沒有這種機會的人怎麼可能成就自己的品牌呢？」如果好好想想一人品牌讓你聯想到什麼樣的人，那麼就有機會幫這個問題找到答案。那不是在等待別人呼叫自己而是親自製作屬於自己位置的人。

「開始經營 YouTube 如何？」

醫師有兩種可以見到病患的方法，可以透過門診以及「NAVER 知識 iN」[10]。身為醫師要製作一人品牌，那麼這兩種遇見病患的方式都有令人感到惋惜的地方。在門診幫病患看病是所有醫師都會做的事情，而「NAVER 知識 iN」主要是以文字敘述，所以對三十歲以下的人是沒有魅力的。如果想要更靠近病患，那麼是不是要思考其他更有效率的方法。尤其像是針對二十至三十歲所關心的減重與整形、牙醫門診等，想要傳達這種情報的話，那麼 YouTube 就是最佳的媒體。

最近二十歲以下的手機使用者在搜尋情報時不是在入口網站而是在 YouTube 進行檢索。檢索範圍基本涵蓋烹飪方法、化妝技巧、最新ＩＴ機器使用法，遊戲攻略法甚至到不動產等，所有資料全部都透過YouTube進行查詢。YouTube也配合這種趨勢不遺餘力的加強「YouTube檢索」功能。像NAVER這種入口網站也在加強自己檢索影片的能力，然而YouTube在所擁有的影片數量與種類上佔著壓倒性的優勢，因此應該是很難被追上的。

已經有一些醫師離開了NAVER知識iN，試著透過YouTube靠近病患。醫師容易給人某種用消毒藥水擦掉所有特質的冷冰冰的感覺，然而透過影片內容就容易打破這種偏見。像是鄰居一樣親近溫和的醫師，炫耀著風趣口才為人帶來趣味的醫師等，可以確定屬於醫師的個人特色。精確傳達醫療情報是基本，最終要能夠營造出屬於自己的個性才會產生一人品牌的存在感。

不單是醫師，律師、會計師、基金經理人、髮型設計師、建築師等專業技能人士都透過播客或YouTube等一人媒體的媒介，逐步營造出屬於自己的品牌。持續在自己的專業領域進行學習，誠懇踏實的工作顯然已經不太足夠了。這個時代需要積極展現自己的能力，如果不營造出自己的品牌，那麼無論是明星還是專業人士同樣面臨斷炊的窘境。從這個角度來看，一人媒體是專業技能人士確定屬於自己的品牌價值，並同時可以驗證自己能力的最有效率的手段。

---

[10] NAVER知識iN的網址為https://kin.naver.com/index.nhn，性質跟台灣的YAOO知識家一樣是詢問知識並獲得解答的網站。

透過完成一人媒體創造一人品牌

其實我最想慫恿主婦族群挑戰一人媒體。因為這些族群理解持家的技能（know-how）、育嬰、不動產、烹飪、時尚、室內設計，主婦接觸比任何人都多都廣泛的情報，並能以親切的方式詮釋出這些內容。其實有一陣子以「有影響力的部落客（Power Blogger）」[11]活動的絕大多數是主婦。有主婦持續經營烹飪部落格直到訂閱人數增加後，在網站開起了小菜網路商店，也有主婦為產品寫心得後來變成了專業的行銷人。這些都是平凡的主婦透過自我品牌獲得成功，將這份成功延伸到創業以及就業的成功範例。

然而依舊有很多主婦們只是在部落格與社群網站進行活動，而這讓我感到非常的惋惜。情報的生產、分銷、消費已經從電腦轉變到手機，也從文字轉變到影片，主婦們需要因應趨勢的轉變讓自己的活動空間跟著變化。實際上，將主婦們所擁有的知識以影片詮釋出來，會比文字或照片更有效率。處理鮑魚，將襯衫的污漬清洗乾淨，重新修改孩子的衣服等，還有什麼比影片更能如實呈現這些過程的手段嗎？

我覺得主婦們在部落格與社群網路活動的原因是因為害怕進行影片的剪輯。然而影片剪輯其實不是一個需要感到擔憂或者令人感到困難的事情。只要稍微練習，任誰都可以輕易上手，想要上傳到YouTube的影片不需要拍攝成專業水準，也不需要剪輯成高品質狀態。也就是說只要內容是紮實的，那麼技術性的層面就不那麼重要。

最重要的是YouTube與部落格不同，YouTube可以成為第二本存摺的機率是很高的。部落格的標題（Banner）廣告因為單價低所以很難期待可觀的收入。也有業者提供產品並讓主婦在部落格寫出心得，然而這種有代價的心得分享，就會讓內容的信用度降低。相對的在YouTube持續上傳影片使得訂閱觀眾會增加，這樣就可以期待穩定的廣告收入。可以分享知識建立屬於自己的品牌，又可以期待副業的收入，這簡直是一箭三雕。

我會這麼鼓勵主婦們在YouTube進行活動，其實是還有另外一個理由的。聽說最近國小生的未來志願第一名是成為一人創作者。在國小放學後的課後輔導也出現過「成為一人創作者」課程。孩子們非常自然的應對著新的平台，然而父母親還是被「一人媒體就是灑狗血的直播」這種偏見綑綁著。

收看我節目的主要觀眾介於十七到三十歲的學生，因此曾經有兩次參與教育討論座談的機會。到那種地方的時候，就會直接面對家長那「一人媒體是危害學生讀書的有害媒體」的偏見。

---

[11] Power Blogger是NAVER Blogger從二〇〇八至二〇一四年給予優秀部落客的榮譽稱呼。

無法因應正在急遽變動的世界的流動真的令人感到惋惜。成功的定義已經開始在轉變，認真讀書進入好公司就意味著成功的定義已經過時了。

叫做YouTube的平台跟孩子們已經形成無法分割的關係。二〇一七年十一月透過應用軟體調查機構WISE APP調查使用安卓手機的十歲左右的孩子的結果，使用最久的應用軟體是YouTube，一個月平均使用時間竟然是一億二千九百萬個小時。

這比十歲左右的孩子加總使用NAVER、KAKAOTALK（韓國最大手機通訊軟體）、臉書的時間還要多。

家長如果無法理解YouTube對他們造成的影響，就會很難跟孩子們溝通並產生共鳴，這當然也會影響到家長教育孩子們，讓父母在引導孩子時遇到困難。孩子們不會只停留在看YouTube而已，最近有些孩子們開始將屬於同年齡層的文化或煩惱製作成內容，而這種情況有逐步增加的趨勢。

因此家長需要陪同孩子，在孩子規劃、生產以及分銷內容時全程陪在旁邊。有些國小學生曾經在沒有父母指導的情形下挑戰AfreecaTV的直播然後犯下大錯，對於發生這種事情，父母需要比孩子承擔更大的責任。如果父母可以早一點關心這個領域，那麼就可以引導孩子製作能在YouTube使用的剪輯影片，而不是進行相較之下風險比較高的網路直播。

為了面對第四次產業革命，大家都說要「讓孩子學習寫程式（coding）」，「要培養創意」，然而卻忘記身邊就有可以不用花錢，也不用花太多時間就很有效的教育方法。企劃 YouTube 內容拍攝再進行剪輯的過程才是在為了未來進行準備。我有信心的說，製作內容才是培養孩子們企劃與創意能力的最好的方法，如果父母可以陪同，那麼這就是一個父母可以跟孩子進行溝通的更好的機會。

無論是藝人、專業技能人士、主婦或者是學生，現在是一個無論是誰都需要品牌的時代。將一人品牌架構好的人，無論在何時何地都可以發揮獨創的點子，為自己賦予價值。在不景氣也可以自己創造工作，用充滿創意的思考方式主導第四次產業革命，用最像自己的樣貌在自己喜歡的領域開心的工作。

興趣、專業領域、專長，無論什麼都好。是時候向世界敞開藏在口袋深處，自己反覆把玩的「真正的我」。就是這些東西可以製作出自己的品牌與工作機會，緊接而來的就是一人媒體會陪同在新的時代與新的成功方程式裡。

[Chapter 2]

興趣可以成為內容的時代

：孤單阿宅成為無四牆[1]的一人品牌

世界上沒有無用的事情

在看連續劇〈鬼怪〉時，太太YunDaeng忽然問了這種問題。

「如果你也可以像鬼怪一樣永遠的活著，那麼你覺得你會怎麼樣？」

「那真的超棒的啊？我覺得我無論活多久都不會感到枯燥。可以盡情做因為沒時間不能做的事情……。」

讓我茁壯的八成都是「沒有用的事情」

「因為沒時間不能做的事情」……對我來說這種事情其實比想像的要多。首先是遊戲。可能覺得我的工作是做遊戲直播所以打電動打到手軟，但事實不是這樣的。有趣的遊戲傾巢而出，然而時間卻永遠都不夠用。

閱讀也是如此。每次去書店時都買差不多三十萬韓寰的書籍，但因為沒有時間（部分也是因為懶惰），所以那些書籍都好好的被供奉在書架上。書房裡有著影片、Photoshop、照片、文學、旅行、料理、書法、室內設計、經濟、漫畫、美術史、歷史、心理學等多樣領域的書籍。光文學圖書的藏書就從宮部美幸的《模仿犯》到千名關（音譯Chun, Myung-Gwan）的《鯨魚》（暫譯）為止可謂是全方位沒有領域的限制。

我涉略的影片範圍也是很雜的。首先只要有話題性的院線片是一定會看的。與其說是作為製作影片的參考，其實只是單純的想看電影。我也喜歡連續劇，而國內的連續劇是基本，中國、日本、英國、美國等沒有特殊偏好的都愛看。最近喜歡看情境劇〈我們的辦公室〉（The office）與〈荒唐分局〉（Brooklyn Nine-Nine）。除了這些之外也喜歡看浪漫喜劇、歷史劇、恐怖片、刑事片、武俠片等各種類型的影片。

我算是求知慾旺盛的人。做直播或拍廣告時需要卓越的表現能力，所以有想過從基礎表演開始紮實進行學習的想法。與其是去表演補習班，倒是想去就讀大學的戲劇科系會怎麼樣？聽說想

[1] 無四牆，無法超越的四次元的牆。當兩個東西（人物）相比較時，其中一方太過優越到無法進行比較時會使用這樣的詞彙。

要攻讀戲劇系的必修科目就是現代舞蹈，那麼是否該從那個地方開始呢？所以我真的跑去學了現代舞蹈。然而因為做了腰椎間盤突出的手術，所以沒學多久就作罷。因為想要正式學習化妝，所以也曾去過鄭瑄茉學院（JUNG SAEM MOL ACADEMY）學化妝。如果在日本吃到好吃的拉麵也不會就此停止，會忙著調查應該要在日本的哪裡找哪位老師學習烹飪法。

不單只是忙碌於工作，想要學的東西竟也這麼多，所以如果像鬼怪一樣可以有永生的生命，那當然只能引起我的羨慕。有些人看著這裡瞧瞧那裡看看、根本藏不住好奇心的我感到搖頭，他們可能會想著「不要做些有的沒的，專心做好工作吧！」彷彿是我母親看到從高中畢業後無所事事只知道看錄影帶的我說過的話。

「不要做那些沒用的事情，乾脆到外面去喝酒吧！」

我做「沒有用的事情」的歷史已經不是一兩天了。從某個層面來看，能夠成就大圖書館的八成都是「沒有用的事情」。

做沒有用的事情的年代記一：幫別人打電動的少年

「如果從成就現在的大圖書館的人生經驗中選擇一件事情的話，那會是什麼呢？」

記得有次某位雜誌記者詢問過這樣的問題。這讓我簡短回顧了我的經驗後想起了三件事情。

一件事情是讀書時的經驗。讀國中的時候，我只關心兩件事情：遊戲與籃球。只要跟朋友們在空地拿著球盡情跑步就可以玩籃球，但遊戲卻不是如此，想要玩遊戲卻沒有遊戲機。我的願望是擁有Famicom（任天堂製作的遊戲專用八位元遊戲機），但是以當時我們家的經濟情況那是根本無法想像的奢侈品。父親當時是賺一天錢喝一天酒然後出門工作，母親則是在路邊攤小吃店工作負責我們兩兄妹的生計。

現在回想起來還是覺得能清晰聽見高利貸業者粗獷拍打著老舊鐵門的聲音。為了躲避他們所以假裝家裡沒人，將身體縮成一團屏住呼吸，我覺得自己心臟跳動的聲音彷彿比拍打鐵門的聲音還要大。然後終究被恐懼侵襲。在這種經濟環境下，再怎麼不懂事的國中生都不會輕易吵著父母親買遊戲機。無計可施之下只能一個星期一次，跑去有遊戲機的朋友家玩機台（arcade game）試著安撫自己的渴望。我在當時想要玩的遊戲是「勇者鬥惡龍」（Dragon Quest）與「太空戰士」（Final Fantasy）這種角色扮演遊戲，而這種遊戲對當時的我而言簡直就是遙不可及的夢想。

不能如願玩自己喜歡的遊戲，所以能做的就是想像。將刊登在遊戲專業雜誌上的遊戲相關報導讀了又讀，在腦海裡努力玩著遊戲。然而心中的渴望卻依舊無法被解除，所以我就製作了屬於我的遊戲。時間空間的背景、角色、怪物、武器等，依照自己喜歡進行設定，然後將設定好的內容寫滿了一本筆記本。用粗糙技巧製作出來的，只能在筆記本上存在的遊戲，然而我卻想像著「如果實際玩的話會怎麼樣呢」的情境，曾經有過一段用這種想像很快度過一天的時期。

後來到了高中一年級還是二年級的時候，將親戚長輩們給的壓歲錢存了又存終於將FC讀卡機放進了自己的手中。因為Mega Drive（日本SEGA在一九八八年推出的十六位元家用遊戲機）與Super Famicom上市讓Famicom的價格下跌而讓我有了這個機會。當別人正用新型的遊戲機享受著「太空戰士五」（Final Fantasy 5）的時候，我用舊型Famicom玩著「太空戰士二」（Final Fantasy 2）享受著足夠的幸福。

真的玩過之後發現「太空戰士二」是難度相當高的遊戲。因為沒有翻譯成韓文，所以要直接用日文進行遊戲是最令人感到困難的地方。再說遊戲用非常隱喻的方式描述任務（Quest），所以無法精確掌握到底要怎麼做，這真的令人感到棘手。然而我並不是輕言放棄的人。我用愚笨但直接的態度不斷重複著錯誤示範，有些時候也用看臉色的技巧判斷情況，就這樣與遊戲機交戰數天後好不容易破關了。那時感受到的成就感是很難用言語形容的。

玩遊戲過關的成就感與喜悅擴散成「博愛精神」。我決定為了在玩「太空戰士二」時體驗到彷彿吃下數十個地瓜般感到口乾舌燥，但終究還是沒能成功闖關的朋友們，製作免費的攻略集。我從筆記本撕下一張紙，橫豎折了三次，然後開始寫下字樣如芝麻綠豆般的攻略法。在這種情境要秀出這種關鍵字就能到下一關，在這裡可以取得這種裝備（item），頭目（boss）用這種方法攻略就可以破關等等。雖然通過遊戲的關卡很辛苦，但將每個過程所需要的攻略法整理好也需要相當的努力與時間。正所謂是集結我的血、汗水、眼淚的集大成的攻略法集。

我將這麼辛苦完成的攻略集自費影印然後免費的分送給朋友們。因為不懂日文所以無法取得攻略集而感到沈悶的遊戲玩家朋友們，在拿到我的攻略集之後彷彿天降甘霖的魚群般全部擠向我。我從以前就因為很會玩遊戲而出名，在免費發送攻略集後變得更有名了。在那之後就好像遇到困難的數學題目會請教全校第一名的同學般，大家只要遇到棘手的遊戲時就來找我。

「喂，棟鉉，這個該怎麼做啊？」

「唉，我就算死也無法破關，可以請你幫我試試看嗎？」

多虧拿著昂貴遊戲機來找我的朋友們，我終於有機會嘗試當時正流行的所有遊戲。當時真的很想玩的遊戲是「太空戰士五」，還有朋友甚至邀請我去他家吃飯，然後請我幫忙破關。直到高中畢業為止我所擁有的遊戲機只有Famicom一台，但是因為幫朋友們玩遊戲的關係有機會廣泛的涉略各種遊戲機與遊戲。

在過去幫朋友玩遊戲的羅棟鉉就是現在的大圖書館，當大家第一次知道這件事情的時候，同學們的反應會是如何呢？會不會邊笑著邊說「我早就知道了，棟鉉這小子，當時只知道專挑沒用的事情做……」，這種話呢？

做沒有用的事情的年代記二：一天看三至四部錄影帶的米蟲

成就現在的大圖書館的第二個經驗是高中畢業後去當兵前的那段時間，我曾經度過遊手好閒的米蟲生活。不知道這樣說是否能讓人信服，但是直到國中時期，我的成績是蠻優秀的。也曾經考過全校第十三名的成績。但是到了高中後發現，只憑自己的聰明，用抱佛腳的方式讀書是無法提升成績的。而當時的家裡也不是一個適合讀書的環境。

後來聽到分開住的父親因為大量飲酒而造成肝硬化甚至引起了心肌梗塞。當父親在雪中送炭的生活費用也沒有了之後，家裡的情況就變得更難了。當時已經是國中生的妹妹開始往外跑。就這樣沒有想法的虛度光陰，當自己打起精神的時候已經是在申請大學的時候了。我向母親要了申請費用到了某間大學的申請處。在排隊等著自己的順序時心情左搖右擺的總是定不下來。雖然成績沒有糟到無法就讀大學，但又覺得上了大學之後又能如何，是否乾脆早點開始賺錢比較好。就這樣猶豫不決的我決定不提交申請書直接打道回府。

我沒能向母親說我沒有提交申請書。當時的我覺得放棄大學是為了母親的最佳方案，然而卻也是在母親的心裡扎下大釘子般的決定。「如果我成為大學生，母親可能就可以覺得她的任務已經完成了。」「那麼在母親直到過世之前都不會覺得自己在孩子面前像個罪人……」，後悔填滿了我的胸口，然而後悔來的總是那麼遲。

就這樣放棄大學後反而不知道該做什麼。雖然對外的說法是重考生，但卻沒有就讀大學的心思，所以其實就是米蟲。在即將入伍之際再去找正職工作也覺得有點壓力，因此為了賺零用錢打零工，剩下的時間就以看錄影帶或者玩遊戲度過時間。

那個時候，以一千韓圜就可以借三至四個二輪錄影帶。我彷彿在租借錄影帶店打出勤卡般勤快的穿梭著。從香港電影到藝術電影，只要是稍微有名的電影就全部借來看。當時不只看了很多電影，也沒少聽母親的嘮叨。

「看電影有飯吃嗎？還是給你年糕吃，拜託你不要做那些沒有用的事情！」

兒子一天到晚躺在房間裡看電影，天底下哪個父母會覺得開心。明知道這樣，我還是沈醉在電影裡，而那不是逃避現實。我是真的喜歡看電影。

雖然沒有正式學過電影，但一直持續看著不同的電影彷彿領悟了電影的學問。一開始只是急著追上故事的劇情，慢慢的看見攝影鏡頭的角度，畫面結構，演員們的演技，照明燈光，場景轉換，情節等元素，這些元素開始進入眼裡。

到後來開始想著「如果是我，那個場景應該會用俯瞰角度去拍……」，「如果是我的話，結束的場景應該會用不同的感覺拍吧……」，像這樣開始以編劇或者導演的角度看起了電影。當看完拍得真的很好的電影後，心裡因為自己也想拍這種電影而感到澎湃。當時甚至很嚴肅的思考過退伍之後是否該進入電影圈。

然而現實跟我心中的夢想無關的評價著我。無論夢著什麼，在別人眼裡的我只是個米蟲。最能體悟我身處什麼樣的處境就是在過節的時候。小時候不知道父親為什麼那麼討厭見親戚，現在終於有點搞懂父親的心情了。

「不讀書也不工作，一天到晚只知道玩電動跟看錄影帶嗎？你以後到底想成為什麼啊？」

「你以為你母親吃那麼多的苦，就是為了讓你做這些有的沒的嗎？」

真的令人感到奇怪的是，在大人眼裡可能覺得我比我妹妹更不懂事。妹妹可能讓人覺得精明，所以無論如何會知道怎麼養活自己，但我給人的感覺可能是只知道做這些沒有用的事情，可能因為是這樣才更擔心我吧！現在回想起來，妹妹有所謂的「態度」（Swag），雖然當下的兩手是空的，但總有一天一定會成就什麼的那種自信。

相對的，在親戚眼裡的我可能就沒什麼搞頭。我不曾有過不信任自己的感覺，但站在親戚面前時就總覺得自己變得很渺小。因為有過這種經驗，所以我也有很多話想對看我直播的觀眾說。

因為沒能就業，成績考不好所以覺得自己很寒酸的觀眾們，我想要告訴他們，首先要對自己感到自信，那麼在別人眼裡的你也才是自信的。

「不需要刻意躲親戚或者朋友。不要搞的自己好像是一輩子什麼都不能做的人。因為我先表現出萎縮的樣子，所以別人才會覺得我沒有用。越是這種時候越要相信自己，要成為對自己感到自信，讓別人對自己感到期待的人。」

這是曾經被人指責一天到晚只知道做沒用的事情，然後曾經被嫌棄過的人才能給予的忠告。現在不是什麼，但這不代表永遠都不會是什麼，在別人眼裡看來可能沒有用的事情，對我來說可能是一個創造出其他可能性的事情，自己要有這種相信。這就是我在那兩年的米蟲生活中學到的東西。

做沒有用的事情的年代記三：Sayclub[2]成始境[3]

在別人眼中如何是很難說，但那段米蟲時期的我卻是幸福的。看著喜歡的電影與漫畫，跟朋友見面打電動，打工打到自己不會覺得勞累的程度，我就這樣度過那段時間。雖然不知道以後要做什麼或想做什麼，但我不覺得焦慮與不安。覺得只要下定決心就什麼都可以做，什麼都可以做到好。

就這樣幸福的過了兩年米蟲生活後去當兵退伍了。之後經歷了成就現在的大圖書館的第三個經驗。那就是Sayclub的廣播節目。

小時候最討厭聽到大人問我長大後想成為什麼。覺得被問到這個問題時表現出猶豫的感覺就會讓大人感到失望，所以縱使那也不算是真正的夢想，還是回答了某種類似模範答案一樣的「我想成為廣播節目的製作人」。

現在偶爾也會想起這個事情，為什麼我說的是廣播節目的製作人呢？

我父親曾經當過音樂茶坊的節目主持人（ＤＪ）。雖是名校大學生，但父親比起讀書更沈迷於打鼓。接著為了抗拒爺爺希望父親成為公務員的話，乾脆輟學然後跑去音樂茶坊當起了節目主持人。而母親偶然到那間音樂茶坊成為客人，兩個人的緣分就這樣開始了。夢想著成為鼓手的父親就這樣結婚然後成為了兩個孩子的父親，之後成為五金行的老闆，之後成為酒鬼，之後在小房間的角落吐著血孤單的過世了。

在那困苦的時期，我們家裡卻有高級音響與黑膠唱片，然而我卻沒有聽過音樂的回憶。那是因為父親將音響像神明一樣供奉起來，然後不准我們靠近。我在讀高中後才開始聽起音樂，那是在表哥將他的卡帶隨身聽傳給我之後的事情了。我將徐太志和孩子們[4]、N.E.X.T[5]、Cool[6]、H.O.T[7]聽到卡帶鬆掉為止。

我在差不多那個時候開始聽廣播節目〈李文世的星星閃爍的夜晚〉[8]。聽著廣播節目忙碌的想著，「如果我是製作人的話……」，那麼在播出這種聽眾留言時會播放這種背景音樂啊，在這

---

2 Sayclub是由NEOWIZ（韓國遊戲製造商）公司於一九九九年六月開始營運的以網路為基礎的社群服務網站。

3 成始境，韓國歌手、媒體人以及電台ＤＪ。擅長抒情歌，在韓國被稱為是「抒情歌（Ballad）皇太子」。

4 在一九九二年出道活躍直到一九九七年的九〇年代當紅組合。徐太志被譽為南韓的文化總統，而團員之一的梁鉉錫是YG Entertainment的代表。

5 N.E.X.T（New Experiment Team），韓國的搖滾樂團，現在已解散。

6 Cool為南韓三人男女混合的偶像團體。專輯中的快歌廣受民眾歡迎。

7 H.O.T.是韓國第一代偶像團體，也是韓國第一支男孩團體「韓流」的開山鼻祖。活動時間從一九九六至二〇〇一年。

8 南韓男歌手、節目主持人、作詞家等。

個單元會聘請誰當嘉賓……等的想法。直到那個時候才真的開始認真的咀嚼起小時候像鸚鵡一樣反覆說的「長大後我想成為廣播節目的製作人」這句話。

可能是這種廣播節目小孩般的成長背景吧，也或許是遺傳了曾經是音樂茶坊主持人的父親的血脈嗎？退伍後我好像被什麼牽引般的自然的開始了SayClub的廣播節目。

當時是SayClub廣播節目正當紅的時候，節目進行的方式是在介紹聽眾留言後播放音樂的形式，這跟一般廣播節目差不多，但是由一般素人當主持人而不是電視主播也不是明星藝人，這讓人覺得新鮮又感到親切。當初因為覺得有趣聽了幾次節目，後來看到徵主持人的公告就抱著輕鬆的心情寄出錄音的樣品，沒想到就這樣合格了。

就這樣莫名的成了一個星期四天，在夜間時間段進行兩小時節目的主持人。話說這只是一個網路廣播節目但卻蠻有體制的。雖然沒有腳本，但編劇與製作人會跟我一起選取觀眾留言與播放曲目，並且討論著節目的氛圍與大概念。因為是直播節目也開放觀眾進行即時留言，也會在線上接受點播。現在回頭看，當時主持廣播的經驗讓我對一人媒體有了興趣，並成為自己可以自信跳進這個領域的契機。廣播節目非常重視與聽眾的溝通，這跟一人媒體是相通的。邊主持著SayClub廣播節目邊跟觀眾進行著即時溝通，我在當時就品嚐過那是多麼刺激愉快又有魅力的事情。當時廣受像是「你的聲音很像成始璄」，「主持台風很穩又好」的讚美。

小時候的我不是混康樂股長那一掛的。跟很熟的朋友在一起時常愛說笑話也愛搞笑，但在很多人面前卻是怕生也容易害羞的。在我讀書的時候，從我身上是看不到所謂的「表演天分」。誰會想到那樣的我幾年後在數萬名的粉絲面前穿著女裝唱著〈甜心戰士〉（Cutie honey）呢？（在那次表演後依舊沒離開我的粉絲們，我向你們表達我木訥的謝意）

讓我第一次確認自己表演天分的契機就是SayClub的廣播節目。跟許多聽眾進行著即時溝通，並且自然的主持著節目說著故事甚至有時還丟幾句玩笑話，我對可以有這樣表現的自己感到驚訝。那是自己第一次知道自己可以把什麼事情做好的瞬間。因為網路節目變有名後沒多久，某位親戚對我說了這樣的話。

「聽了你的節目之後讓我嚇一跳。怎麼跟你父親在音樂茶坊做主持人時的聲音那麼像……，光聽聲音還以為是你父親活過來了。」

我以為父親不曾遺傳任何東西給我，看來事情不是那樣的。

只屬於我的「沒有用的事情」是隱藏版寶物

訴說著成就現在的大圖書館的三個經驗，感覺好像已經完成我的半生回憶錄。雖然說了很多很多的事情，但結論就是在別人眼裡沒有用的事情卻成了孝子開始孝順起我。

免錢分送遊戲攻略集的國中時期還算普通，國中不就是一個會做沒用事情的時候嗎？不過在當兵前的米蟲時期，一天看三至四部錄影帶真的是沒有任何辯解空間的「沒有用的事情」。退伍後去SayClub做廣播節目也是如此，因為不用說月薪，那是一份連車馬費都沒有的免費服務。

但是，若不是這些「沒有用的事情」可能就不會有現在的大圖書館了。已經過了四十歲的我，在我的身體裡面，有著因為破了高難度的遊戲想跟朋友們分享密技而屁股都快坐不住的十四歲的少年。另外反覆看著電影與遊戲影片，想要用屬於我的故事與我的方法拍攝電影的二十一歲米蟲。在主持著深夜廣播節目品嚐到與忠實觀眾溝通的樂趣，發現潛藏在自己裡面的表演天分的二十六歲青年。一人創作者大圖書館就是不斷反覆將別人認為一點用處都沒有的事情得到的成果。

別人嘴巴裡沒有用的事情縱使被別人念還硬要努力去做，就是因為那是有趣又令人感到開心的事情。縱使那件事情對人生一點幫助都沒有，然而在做那件事情的時候感覺能喘口氣。我比別人更擅長那件事情，也自信可以比別人做得好。結果透過這些事情找到了自己，並且可以變得更幸福，這就是我強調要關注沒有用的事情的原因。雖然看起來一點用處都沒有，但如果有我喜歡所以會認真做的事情，那麼難說那就是我真正想要並且做得好的事情。

[大圖書館的沒有用的事情語錄]

我直到現在做過的沒有用的事情

1. 遊戲
2. 免錢分送遊戲攻略集
3. 一天看三至四部錄影帶
4. 以沒事做的米蟲身份過日子
5. 在SayClub做廣播節目主持人

那些事情為我人生帶來的影響

1. 為我日後進行遊戲直播節目培養起必須的力量
2. 確認自己想要與身邊的人溝通的慾望
3. 提升自己對影像媒體的理解
4. 對身處相同情境的觀眾，對他們的立場有深度的同理心
5. 發現潛藏的表演天分，確定溝通與主持的能力

如果想要創造只屬於我的獨特有創意的一人品牌，除了既有的工作想要尋找其他工作，那麼與其關注最近什麼行業當紅、錢都湧進哪個方向，與其東張西望倒不如要仔細看看自己的內心。自己直到現在都做過哪些沒有用的事情？在別人眼裡可能覺得可悲，但我可以感受單純的喜悅又可以專注的事情又是什麼呢？

如果不知道，那麼就回想一下被父母或者伴侶打下憤怒的背部鐵沙掌，然後被罵「別再做那些沒有用的事情了！」「拜託你別再花錢在那些沒有用的事情了！」的瞬間吧！那時的你就是在做「沒有用的事情」了！

[_______________的沒有用的事情目錄]

我直到現在做過的沒有用的事情	那些事情為我人生帶來的影響
1.	1.
2.	2.
3.	3.
4.	4.
5.	5.

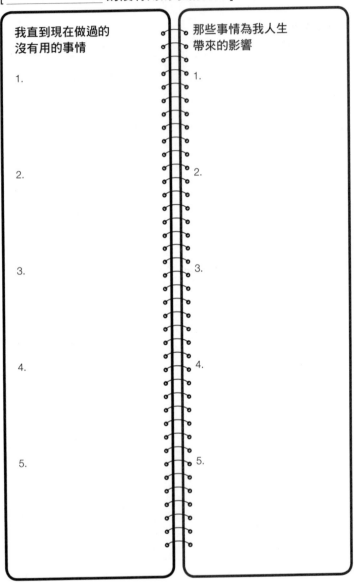

在宅力加上才能，那就是宅業一致

盡做著「沒有用的事情」過日子的米蟲時期，我是廣受肯定的電影御宅族。當時翻著電影雜誌讀到一段令人感到印象深刻的文句。

被推崇為法國新浪潮（La Nouvelle Vague）之代表的電影導演法蘭索瓦·楚浮（francois roland truffaut）曾經說過這種話。

「熱愛電影的第一階段就是同樣的電影看兩次。第二階段就是寫下影評。接著第三階段就是製作電影。以上就沒有了。」

我想，將這經典名言詮釋成時下的語彙就會變成「成宅」（成功的御宅族）與「宅業一致」（自己宅的領域與職業是一致的，將自己關心的事情當成工作）。也就是說如果有自己關心的領域，那麼不是將腳步停留在消費者或者享受的人，而是成為製造者與創作者。那就是熱愛自己興趣的最高境界，意即成為「成宅」的意境。

曾經沈醉於某個領域的人是會理解的。在一天涉略三至四部影片的時期，夢想著自己成了電影導演一般，對某個領域的關心與愛意越來越深，然後演變成單純的享受已經無法止住那份渴望的感覺。會想要往自己喜歡與熱愛的領域更靠近一步的感覺。

培養洞察力的咒語，「如果是我的話會怎麼樣呢？」

楚浮導演說的第一階段，同樣的電影看兩次是我們體驗沈醉於某件事情的行為的話，那麼第二階段，寫下影評就意味著成為評論家。評論家要做的事情是什麼呢？用老鷹般銳利的眼睛分析優點、缺點，以後需要更精進需要改進哪裡等，扮演讓不在這個專業領域的人可以更容易靠近這個領域的，彷彿橋樑般的角色。

以我的情況來說，雖然沒實際寫下影評，但在我的腦海裡是歷經類似的過程。

「如果我是導演就會讓女主角更早一點出場……」

「那個場景如果把鏡頭拉低一點，整個氛圍可能會更好……」

「哇，這種情況說出那麼淡然的台詞讓人感覺更哀傷，這個點子很好。」

在看電影的整個過程不斷把「如果是我的話……」的假設法帶入電影。這種假設法不只適用於電影。就算是在文具店逛文具時可以想著「如果是我的話會用這種材質做出鉛筆」，「如果有這種設計的文具我馬上就會買」的想法。在吃炸醬麵的時候也是一樣，我會想著「如果是我的話會用這種樣式的碗」，「如果是我的話會用不同方式啟用優惠卷」。無論在哪裡做什麼，我的腦子都忙著思考某些事情。世界萬物都以「如果是我的話」相通。

有人可能覺得我怎麼把人生過的那麼累。不過這在我身上就彷彿呼吸般的自然，或者可以說已經變成思考的習慣，所以我自己真的不覺得累，反而覺得有趣。在翻閱進化心理學書籍時看到當人們在腦海裡思考「如果是我的話會怎麼樣呢？」是某種在腦海裡預先思考未來發生類似情況時，該怎麼處理並思考應對方案的機制。也就是說真正有情況發生時，可以在沒有錯誤的情況下，用最快最有效率的方法進行應對的生存策略。

如果這是真的，那意味著我在日常生活就已經準備著當電影導演、連續劇製作人、綜藝節目編劇、文具設計師、炸醬麵店老闆等職業。可能因為是這樣吧，我不曾在任何一種情況擔心過創意這個問題。無論玩什麼遊戲，無論洽詢什麼廣告都不需要刻意就會浮現創意點子。無論是什麼素材都有信心將其用有趣的方式詮釋出來。

如果成宅的第一步就是要先成為御宅族的話，那麼第二步就是思考著「如果是我的話會怎麼樣呢？」試著模擬情境並不斷的進行評論。如果不經過這種過程，那麼無論累積多少經驗都沒有辦法把那些東西變成完全屬於我的東西。

宅業一致的的條件，做出符合我胃口的東西

楚浮說的第三階段就是成為製作電影的導演。已經成為了御宅族又進行過評論，那麼接著就是要試著自己動手做了。然而不是每個人都擁有楚浮導演的才華。自己喜歡的電影可以看兩次或者是三次，然後在腦海裡啟動「如果是我的話」的模擬情境，但真的要製作名作可不是一件容易的事情。

但請不要感到絕望。像現在這種專業領域分工那麼精細的時代，熱愛電影的方法不可能只有一種而已。可以成為在電影拍攝現場工作的專業人力，可以在分配或者進口電影的公司工作，也可以成為電影專業記者或者播報員。

那麼在這眾多的職業中該選哪一項呢？選了自己喜歡的領域，那職務就選自己擅長的吧！縱使再怎麼喜歡電影，但文字能力不好就無法從電影專業記者的身份中感到幸福。同理可證，不擅長人際應對的人要做行銷工作也是不容易的。

我喜歡遊戲，但能力並沒有卓越到可以成為專業遊戲玩家。所以那我擅長的是什麼呢？在入

伍之前記得非常享受閱讀叫做《Game Pia》的專業遊戲雜誌[9]。記得當時叫做「網路創世紀」的遊戲正當紅，一位記者在遊戲裡面選擇了「吟遊詩人」的職業，連載著到處遊走於遊戲世界的故事，所以也算是吟遊詩人的流浪記或者是生存故事吧！吟遊詩人到城市逛著商店被扒手偷走東西，也有可能被某人邀請到家裡作客，也會被突然出現的山賊揍一頓。

當我第一次看到這段文章時受到龐大的衝擊。我看過許多寫著如何壓制魔怪闖關成功的攻略介紹文，但竟然從遊戲角色的觀點寫流浪記！我當時才知道幫遊戲穿上故事，那麼就可以營造出全新的趣味。

如果我的作文能力不錯就會在部落格寫下遊戲評論，但那個時候的我並不知道自己在遊戲這個領域到底擅長什麼事情。而這時看到這份文章後讓我發現了自己的專長，那就是說故事的能力。我從小時候就特別擅長說故事，在電子遊樂場跟朋友並肩坐著打雙打遊戲時，嘴巴像是根本停不下來的小鳥一樣嘰嘰喳喳的說個不停。與生俱來的口條在歷經米蟲時代涉略多樣的電影與各式各樣的書籍，這讓我有信心在說故事這個領域無論單挑誰都可以。

當我最擅長的事情與我最喜歡的事情接軌時，會發生什麼事情呢？別只在玩遊戲時專注在攻

9 於一九九五年十一月創刊，二〇〇三年六月停刊，由KBS營利事業團營運的專業遊戲雜誌。

[大圖書館喜歡的事情與擅長的事情]

我喜歡的事情

1. 遊戲
2. 時尚
3. 看電影、連續劇
4. 烹飪，看烹飪影片
5. 搞笑讓別人笑

我擅長的事情

1. 主持人，說話—開始大圖書館TV
2. 掌握趨勢，試著預測趨勢——為了日後的美容&時尚頻道做功課
3. 做企劃（企劃力）——夢想在日後製作網路連續劇。
4. 學新的事情——預計開始食物頻道〈做飯菜的男人〉（暫譯）
5. 說故事——預計開始綜藝頻道

略法，而是將說故事放入其中詮釋成愉快的綜藝節目！這個點子就是大圖書館內容的開始。

將楚浮導演的名言再次搬到阿宅的觀點就可以導出這樣的結論。宅業一致的第一階段就是先發現自己喜歡的領域。第二階段就是在享受這個領域時導入「如果是我的話」的洞察力。第三階段就是在那個領域放大自己的專長。也就是試圖將喜歡與擅長的事情進行「聚合」（convergence）。

找到自己喜歡的事情，並且找到如何將那件事情與自己的專長接軌的方法，那麼就正式開始測試自己的可能性吧！來，一起前往宅業一致的最後終點，數位平台吧！

[＿＿＿＿＿＿＿＿ 喜歡的事情與擅長的事情]

我喜歡的事情

1.

2.

3.

4.

5.

我擅長的事情

1.

2.

3.

4.

5.

為了阿宅的機會之地，數位平台

記得tvN〈懂也沒有用的神秘雜學辭典〉節目嘉賓之一，劉賢俊（音譯）建築師在接受採訪的時候，指著《都市要以什麼活呢？》（도시는 무엇으로 사는가，暫譯）說這彷彿是灰姑娘的玻璃鞋子一樣。彷彿灰姑娘穿上玻璃鞋所以過著完全不同的人生一般，自己也因為出了這本書後多了很多出現在節目與媒體的機會，所以多了更多可以跟人溝通的機會，因此彷彿過著跟過去不同的人生。他說過的話讓我留下很深的印象。

這份比喻讓我覺得非常有趣，所以仔細想想我的人生中是否有過像這般穿上玻璃鞋的際遇。不用想第二次就想起我第一次挑戰多音TV Pot的「文明V」。

從第一天開始出現預期之外的好反應，在播出一個星期就因為向甘地揮出核子炸彈反而搞砸，整個遊戲劇情發展到這裡時開始出現了非常高的人氣。從那個節目為起始點，一個平凡的上班族羅棟鉉成為了一人創作者大圖書館。這就是所謂的一百八十度大轉變。

數位平台製作出我們這個時代的灰姑娘

人們依舊喜歡灰姑娘的故事。但喜歡的不是那種遇見有錢有權勢的配偶提升身份，或是在灑狗血的連續劇出現的陳舊故事，而是更喜歡積極反轉人生的故事。也就是說睡一覺起來竟然變成明星，或者因為一個小點子竟然獲得大賣的那種故事。

找找看就會發現身邊蠻多這種灰姑娘的故事。代表範例就是PSY。PSY的〈江南STYLE〉音樂錄影帶以二〇一七年十一月為基準，在YouTube已經超過了三十億次的點閱率。將音樂錄影帶上傳到YouTube進行公開後的一百天就突破五億次的點閱率，勢如破竹的進軍美國告示牌排行榜，在「HOT 100」七週連續獲得第二名，在美國iTunes音樂錄影帶排行榜紀錄第一名，在全球各處引起旋風。因為一個完成度高的音樂錄影帶瞬間變成了全球知名的明星。

被稱為是「女高中生版愛黛兒」的李藝珍（音譯）小姐也可謂是這個時代的灰姑娘。李藝珍小姐穿著制服唱著愛黛兒的〈Hello〉的影片被公開之後的一個星期就完成一千萬次的點閱率，引起了非常大的話題。李藝珍小姐不是偶像明星的練習生，也沒參加過試境綜藝節目，就只因一部影片一覺醒來就變成了明星參加了NBC知名脫口秀〈艾倫．狄珍妮秀〉（The Ellen DeGeneres Show）。當時的我也在聽過李藝珍小姐的歌聲後手臂起了雞皮疙瘩，獲得了龐大的感動，因為很好奇她的近況，檢索後發現李藝珍小姐偶爾進行演出並在準備專輯。

PSY或是李藝珍小姐都不是忽然從天上掉下來的人。PSY是以熱情與愉快的形象廣受觀眾喜愛的歌手。李藝珍小姐則是在實用音樂高中就讀的學生，因此應該有持續著歌唱方面的練習。這些人可以成為全球明星是因為擁有才華並加上持續努力的緣故。

然而縱使這樣也很難解釋他們怎麼會一覺醒來就變成灰姑娘的理由。縱使心地善良又美的灰姑娘，若沒有穿上玻璃鞋就無法將腳踏進皇宮中。

對PSY以及李藝珍小姐出現了像是如灰姑娘穿上玻璃鞋般，向全世界證明自己價值的特別的機會。那就是數位平台。如果他們沒有將自己創作的作品放到數位平台，就不會有今日的國際巨星PSY以及女高中生版的愛黛兒李藝珍小姐。

數位平台是二十一世紀的玻璃鞋

覺得這兩個人的範例跟我一點都不相關，感覺像是不同世界的事情嗎？那麼這個範例如何呢？在二〇一四年，沒有留學經驗，應徵國內大企業上班卻遭到失敗的平凡大學生被發掘成為蘋果電腦的設計師。這是當時在弘益大學數位媒體設計學系準備畢業的金允材（音譯）先生的故事。更令人感到驚訝的是，蘋果電腦先看見了他的潛力，為了面試金允材先生送出往返機票，據說蘋果電腦是如此積極的試圖聘請這位人才。到底這麼驚人的事情怎麼會發生在金允材先生的身上呢？

金允材先生平常喜歡設計旅遊相關的畫像（icon），有規律將自己創作的作品傳到設計網站Behance的習慣。知名圖像設計師前田約翰（John Maeda）剛好注意到金允材先生的設計，並在自己的推特（Twitter）介紹他的作品。這件事情變成了契機，開始讓包含蘋果電腦的美國優秀企業爭相邀請他。

如果金允材先生只是自己珍藏著創作作品而沒有將作品公開到數位平台，那麼蘋果電腦就不會看見他的潛力。「Behance」這個數位平台賦予金允材先生過著跟過去完全不同人生的機會。也就是扮演了灰姑娘的玻璃鞋的角色。

我們為了驗證自己的能力與價值付出很多的努力。接受補習，考多益，考取各種不同的證照，管理各種學分，去做志工活動，去留學，出國進行外語延修（註：韓國有為了學習外語去當地國專門進修外語的風氣），做實習生。但這些事情真的能夠將完整的我展現出來嗎？畢業證書、資格證、成績單、學位等能證明我的才能、魅力、價值嗎？不對，反而正是相反的。因為沒有可以將自己的潛力與價值完整展現出來進行評價的方法，所以只能透過累積所謂的資歷

（spec.）這種單一結果來進行驗證。

但世界現在不同了，任何人都可以向世界展露只屬於自己的個性，將自己的能力與價值展露出來。可以證明我是什麼樣的人，擅長做什麼，擁有什麼樣的潛能，可以進行什麼樣的產出。

將我的創作物傳上數位平台，那一切事情就會變得有可能。文字、畫作、歌唱、演技、運動、烹飪、室內設計、設計、花卉，無論什麼都可以。將自己擅長的事情，把自己有興趣的事情製作成創作物傳上數位平台，那麼一定會被某個人看見的。

數位平台不關心我們的學經歷

直到現在，我需要去到我想要工作的地方，依照對方要求的框架推銷我自己。想要成為演員就要參加試鏡，想要成為作家就要投稿，想要成為上班族就要通過考試。而數位平台將這個世界的法則完全反轉過來了。

現在，演藝經紀公司、出版社、人資相關負責人都關注起數位平台。以一部活潑有才氣的影片可以得到一個角色，在推特持續上傳三行文的人成為了詩人，在部落格上傳保養品開箱文的人成為了行銷人。

另外，數位平台裡沒有偏見這個東西。PSY並不是因為加入叫做YG的大型經紀公司才在YouTube獲得成功。李藝珍小姐只是平凡的女高中生，金允材先生別說留學了，連那普遍的外語延修都不曾去過。縱使如此，他們依舊成功了。數位平台不關心我們的學經歷。無論我是黑湯匙還是金湯匙，留學派還是本土派，是否畢業於名校，數位平台全然不在意這些東西，重要的是我所擁有的內容。

怨嘆世界不懂我所擁有的才華的時代已經過去了。有才華並且可以將那份才華好好展現在數位平台，那麼就會有機會出現。從這個角度去看，數位平台就是二十一世紀的玻璃鞋。就如玻璃鞋引領著灰姑娘進入了皇宮，數位平台會賦予我們新的機會，引領我們進入跟過去完全不同的人生。

在數位平台進行宅出櫃吧

如果你像是我在之前提過專注於「做沒有用的事情」的人，那一定要靈活運用數位平台。「沒有用的事情」是屬於單純的為了開心而進行的行為，以這個角度來看這件事情跟「興趣」是相通的。一談到「興趣」大多會想到聽音樂、看電影、閱讀等比較有氣質且有意義的活動。

跟這差不多感覺的詞彙就是「宅行為」。在過去「御宅族」這個詞彙常使用在比較負面的描述，在過去比較多是形容沈醉在自己的興趣裡，過著孤單且不太能適應社會生活的人們。但是最近因為神奇的「宅力」，其專業性被肯定的氛圍營造了起來，「阿宅＝專家」的公式坐穩了位置。接著形容阿宅專注挖掘自己專注領域的精神被稱為是「宅行為」，於此開始產生了正向的意義。

我覺得「御宅族」才是最適合數位化平台的人。這群人有自己明確喜歡的事情又具備專業性，因此可以製造出優質的內容。宅行為的樂趣就是動力的來源，這群人有較高的可能性在不會感到倦怠的情形下持續製作內容。

我在後續會有更詳細的解釋，在製作內容中最重要的是腳踏實地與持續的耐力。雖說數位平台是二十一世紀的玻璃鞋，但想用僅僅幾個內容就期待得到新的機會，那麼這是太貪心太安逸的想法了。包含一人媒體的所有內容，其內容的新穎與充實雖然重要，但可被持續才是重點。

常聽到有人抱怨說在數位平台上傳內容沒有用的範例，這種範例大多是在一到二個月內上傳製作完成的五至六個內容而已。想要期待觀眾的回應，至少要持續一年定期上傳作品的行為。雖然依照內容的屬性與形式有些微的差距，但以YouTube影片為例，一週至少上傳兩次內容，持續一年才可能開始收到一點回應。

但是對一般人來說，用有相關性的主題持續製作出內容不是一件容易的事情。所以才說御宅族有優勢。喜好與關心的事情很明確，擁有許多相關的情報，並且可以主動在進行行為時就感到開心，所以御宅族才是可以以相關主題持續製作出內容的人們。

御宅族群需要善用數位平台的最大理由就是需要與別人產生共鳴。御宅族的興趣或者宅行為，如果跟日常生活的飲食與生活不相關，那就會被當成是「沒有用的事情」，這樣就很難獲得別人的認同。越是稀有並專業的領域，就越難在身邊找到像自己一樣關心這個領域並擁有專業性的人們，所以御宅族只能越來越陷入只屬於自己的世界裡。

但是，請先在數位平台「宅出櫃」（「御宅族」與「出櫃」的組合語。意即將自己御宅族的身份告知其他的人的意思）吧！你將會發現興趣與喜歡的東西跟自己一樣的人其實比想像中的多。

用自己的宅力創作出創造物然後被跟自己關心一樣事情的人狂熱，我想沒有什麼比這件事情更令人感到刺激的了。讚美與批評，無論是什麼都有其意義。至少比「你為什麼要做那些沒有用的事情啊？」這種一點依據都沒有的批判要好。

我將御宅族的地位越來越高的理由歸功於數位平台。過去御宅族是跟現實世界脫離的孤軍奮鬥的人們，而最近則是與虛擬世界的千軍萬馬同行。彼此交換情報、同理與鼓勵，宅力會變得越來越強，而在進行宅行為的時候則會越開心。

雖說這是很難賺到錢的時代，但我們並不想只為了求溫飽而迫切的活著。我們想跟過去不同，在工作中開發自己表現出自己並不是唯一的路徑。或許將真正的我表現出來與世界進行溝通的方式不是透過職業，反而是透過興趣才有辦法完成這件事情。

生活在複雜又分工精細的現代化社會的人們，他們的慾望要比過去是更多樣的，興趣與喜好也是更多元的。從這個意義來看阿宅不再是那種陷入奇怪興趣的邊緣人。知道自己想要的事情，享受著那件事情，盡情的將自己表現出來的有能力的一群人就是御宅族。

所以世界上的所有阿宅們，請在數位平台宅出櫃吧！那麼更強烈的宅力與充足的宅行為將與各位同在的！

幫自尊感與成就感充電的桃花源

「喔，我不像阿宅一樣，可以在一個領域懂得像專家那麼多，也沒有很厲害的才華……怎麼辦？」

其實我們大部分都在這種情境，沒有明確的喜好與興趣，也沒有特別顯眼的才華，就只是平凡的人們。數位平台雖說是二十一世紀的玻璃鞋，但是對不是灰姑娘的平凡人們而言，可能覺得這不是屬於他們的機會。但不是這樣的，反而就是因為平凡才能享受數位平台的優點。

舉例說，平凡的全職主婦想要運用數位平台那可以怎麼做呢？育嬰與做家事不單是肉體勞動，在精神層面這同時也是一件讓人感到勞累的事情。做得好看不太出來，做得不好就立馬現形。沒有下班時間，一天工作二十四小時，但沒有任何人會對全職家庭主婦說辛苦了做得很好等等的話。

學生以成績單確定自己努力的代價。上班族則是透過人事考核或者客戶的評價，創業的人則是透過業績確定自己的價值。得到不好的結果有時會令人感到挫折，但有時可以從一句讚美就可以感受到成就感。

然而全職家庭主婦不會有這種回饋。主婦真心誠意擺了一桌菜，把衣服洗乾淨燙好，地板擦的乾淨明亮，這些都不是可以被讚美與認同的對象。感覺像是例行的，基本的事情。所以全職家庭主婦當然不會從自己的工作中得到成就感。

但是如果主婦們運用數位平台的話呢？閉著眼睛都會做的涼拌菠菜，將照片拍好一傳上去就看到「看起來好好吃喔！」「碗很漂亮，請問在哪裡買的啊？」「在背後的廚房感覺好乾淨明亮，好勤勞喔！」等的留言陸續出現呢？會不會就可以感受到彷彿獲得升遷或者得到A學分般的成就感呢？

這種成就感就是數位平台最大的優點。就算沒有很厲害的才華或宅力，我們任誰都是知道一兩個別人不知道的情報或技巧的「生活的達人」。尤其是專業家庭主婦就更不用說，從持家、烹飪、育嬰、教育、健康、理財、不動產、室內設計、購物、時尚到美容，主婦可謂是全方位的專家。這些人將專業知識分享到數位平台進行交流，光只是這樣就可以為主婦的人生找回活力與自信。

從這種角度來看，我覺得數位平台才是為人帶來「小確幸」（雖然小但確實的幸福）的地方。可以透過數位平台分享自己小小的興趣，看著「喜歡」與「推薦」開始一個兩個增加時，我們可以感受到「雖然小但確實的幸福」。

也因為相同的道理讓我想要把數位平台推薦給青少年。首先製作出像是文字、畫作、照片、影片等種類多樣的內容，這就是屬於訓練創意的行為。不需要花昂貴的學費去學院學習。還有另外一件重要的事情就是，將創作物分享到數位平台所獲得的成就感。

孩子們正活在很難感受到成就感的生活中。如果我們的社會是建議孩子們多做生活運動或社團活動的氛圍，那麼孩子們可能有更多機會在不同領域感受到成就感。

誰因為很會畫畫，誰因為很會打棒球，誰又是因為很風趣幽默所以獲得肯定。很遺憾的是我們的現實並不是這樣的。只有很會讀書的在前段一〇%的孩子們才會獲得讚美與肯定，剩下九

○%的孩子們在任何地方都無法獲得認同，沒有機會感受到成就感。而孩子們就是因為這樣才玩電動。

電動的結構是依照次序斷續完成或大或小的任務。每次都需要稍微突破自己的限制才能成功完成任務，而這種實力的提升可以獲得立即補償，所以在玩電動的時候很輕易就可以感受到成就感。

回頭看自己在讀書的時候，我好像也是因為這樣的理由才沈醉在遊戲中。遊戲才是讓我可以感受到成就感的唯一一個領域。沒有考量到這種現實而只是片面阻止孩子玩電動是沒有用的。我雖然不是教育專家，但如果有可以像數位平台一樣給孩子們感受多樣成就感的機會，那麼孩子們過度沈迷於電動的問題或許很自然就獲得解決了。

沒有吃飯不能活，但只吃飯也不能活

可能會有父母說：「無論是遊戲還是數位平台，這兩個不都會妨礙到孩子讀書嗎？」曾經某次接受採訪時被問過這樣的問題。「父母擔心孩子們晚上不讀書然後看大圖書館的直播，請問你對這件事情有什麼想法？」我是這樣回答的。「孩子們在晚上讀書不是更奇怪嗎？」不是說「在晚上的人生」以及「工作與人生的平衡」（Work and Life Balance）重要嗎？那麼孩子們為什麼要在晚上讀書呢？

對大人來說有晚上休息的權力，有享受娛樂的權利，那麼孩子們在晚上也有休息不讀書的權利，不讀書做其他事情的權利。要從規範「除了讀書之外其他都是不好的事情」的視線開始進行轉變。當孩子們使用像是SNS這種數位平台時，父母親當然需要關心並在一旁陪同，父母親需要持續陪同觀察內容或者留言是否健康，孩子們是不是玩太久，孩子們會不會因為看到攻擊性的留言而受傷等事情。

但是如果覺得因為不是讀書而做些有的沒的，連孩子們自由製作內容並分享到數位平台都阻止，那就等於是為了抓跳蚤而燒到三間草屋。數位平台不單可以培養創意也可以給予成就感，只要以特定的主題持續經營就可以成為很厲害的資歷，這在未來就業時也是很有幫助的。

「做那個有飯吃嗎？還是有年糕吃？」

這是那些努力做沒有錢賺的事情的人常聽到的話。就算在數位平台努力上傳料理照片也賺不到一毛錢，所以也可能覺得那又有什麼用。但賺錢不是全部，人沒有吃飯不能活，但只吃飯也不能活。如果成就的慾望沒有被滿足，那我們是不會感到幸福的，人在體驗訂立目標並努力達成的過程才會感到幸福。如果能得到別人的肯定那就是錦上添花。從這個理由來看數位平台就有其意義了。

將我關心的事情，喜歡的事情製作成content逐漸累積到數位平台吧！如果常閱讀就寫書評，喜歡煮菜就分享當天三餐的食譜，喜歡保養品就寫產品開箱文，很會穿衣服就把當天的造型照片持續傳上去，以這種方式輕鬆開始。這會成為人生的活力元素並帶來成就感，某個人可以透過我的內容得到情報及感受到樂趣，並可以得到小小的幫助那就足夠了。還有一件事情，我們不知道叫做數位平台的玻璃鞋將會把我們帶去哪裡。

1

[Chapter 3]

用屬於我的內容
提升品牌價值的方法

：喚醒潛藏在自己體內的創作者本能

對一人媒體的誤會與理解

想要架構與宣傳一人品牌，那麼製作內容就是必須項目。在此之上，要製作出什麼形式的內容並分享到什麼數位平台就變成重要的議題。當我製作出一人品牌的內容並分享出去的瞬間，我就已經是一人媒體了。在過去，因為通信技術的發達讓平凡的個人可以製作、分銷情報，因此開始有了「一人媒體」的稱呼，而這主要是稱呼在SNS活動的屬於個人的一人媒體。但是正式進入影片全盛時期之後，現在的「一人媒體」已經等同於「以影片為基底的一人直播」。

有些人猴急的做出「一人媒體已經是紅海」的結論。然而我覺得別說是紅海了，連「一人媒體的全盛時期」都沒到。首爾大學生活科學學院消費者學科的金蘭都（Kim, Nan-do）教授曾說出二〇一八年的消費趨勢之一，就是一人直播會比主流媒體獲得更多的人氣，以致於陸續形成「搖擺狗」（Wag the dog，尾巴晃動身體的意思）現象。消費者的喜好日趨呈現多樣並變得細緻的趨勢，而數百個主流媒體頻道已經無法承擔消費者多元又細緻的需求，最終導致可以滿足消費者多樣喜好的角色就只能是一人媒體了。這就是一人媒體不是稍縱即逝，而是可以逆著大趨勢造成趨勢的原因。

第一個誤會，一人媒體就是直播？

一人媒體得到越多關注就越容易引起誤會。針對一人媒體最普遍產生的誤會就是「一人媒體就是直播」。為了獲得打賞金而進行刺激並煽情的播出，充滿謾罵與厭惡性發言的聊天視窗，直播主們（Broadcast Jockey）各種奇怪的行為等，這些都是關於網路直播的負面印象。相對的，人們也對一人創作者們可以達到年收入破億的規模有著憧憬。所以不理解一人媒體這個領域的人，或許是會有這種想法的。

「啊，想要以一人媒體的身份賺很多錢想要變有名就要做直播，那播出的內容刺激煽情會比較有用吧！」

但事實卻完全相反。為了賺很多錢、想要變有名而播出刺激又煽情的內容，就會發生搞壞評價而根本賺不到錢的情況。針對這個部分，在後續談到一人媒體的收入時會有機會進行更詳細的解釋。

在這裡最重要的是，我想要強調從「一人媒體＝進行直播的直播主」這個公式就已經錯了。一人媒體不只有進行直播的直播主，也有將影片剪輯好傳到數位平台的企劃者。以我自己為範例，我一個星期在YouTube進行五次以上的網路直播。但是並不能以「網路直播主」這個詞彙完整的詮釋出一人媒體大圖書館。YouTube的大圖書館ＴＶ裡有關於一人媒體的首爾市長朴元淳市長的對談，太太YumDaemg的宵夜吃播，和重現既詭異又沒有脈絡的「鐵鎚爬山」（getting over it）即時告示榜等，這裡充滿各種剪輯影片。

大圖書館ＴＶ裡面也有將網路直播有趣的片段另外進行剪輯，上好字幕完成ＣＧ作業之後，以「再看一次」的型態傳上去的影片。如果有廣告洽詢，那麼不單純止於像藝人或模特兒進行表演，而是以企劃者的身份靈活呈現富有大圖書館風格的影片。其實以一人媒體大圖書館來說，相較於進行網路直播的直播主反而更接近製作人的身份。

然而不是每一個一人媒體工作者都像我一樣同時兼顧直播主與製作人的角色。進行直播與製作內容是儼然不同的兩件事情，這兩種角色的優缺點非常明確，所以不需要同時兼顧，也很難同時兼顧。

我想建議把一人媒體當志願的人與其進行直播，不如以製作人的身份開始，試著拍攝影片完成剪輯並將完成品上傳到數位平台。因為剪輯播出比直播更容易進行，並且承擔更少的風險。想要進行直播需要反應敏捷、具備魅力甚至還要有表演天分。不被惡意留言動搖的「堅強心理素質」是必須的，然而短時間內是無法具備這些特質的。直播新手光為了在整個播出不要產生空白就汗流浹背快忙翻了。

相對的剪輯影片與直播不同，是任誰都可以試著挑戰的項目。不需要在不特定的多數群眾前持續講三到四小時的話，不需要表演天分，也不需要具備瀟脫應對惡意留言的應對能力。如果面對鏡頭容易緊張，不太會講話也沒關係。因為剪輯是魔法棒。

相較於剪輯播出，在直播中因為害怕犯錯而需要承擔的壓力是非常大的。試著在腦海中想想年底的各種頒獎典禮，然後再想想進行直播。再怎麼有經驗資歷深的主持人在進行頒獎典禮直播時難免會犯錯。縱使不是主持人自己犯錯，也有可能因為技術上的問題產生大大小小的狀況。一群專家聚集在一起努力準備卻依舊是如此的難以控制，更何況一人媒體的新手呢？要能控制住設備，主持節目的同時又要跟聊天視窗的觀眾進行溝通，很少有新手可以在沒有失誤的情形下完成這所有的事情。

一定要謹記在心的是，直播是幾乎不可能挽回錯誤的。如果是技術性的失誤或在主持時發生錯誤那倒無妨，可以被當成是新手所呈現出的稚嫩。但是有些失誤可能會對某些觀眾造成無法挽回的不愉快。剪輯影片可以在剪輯的過程中監控自己的話語與行為，所以可以將可能造成議題的部分先行剔除，但直播很難預期可能會發生的失誤，如果造成非常嚴重的失誤時，甚至有可能再也無法以一人創作者的身份東山再起。

網路直播之所以很困難的另外一個理由，我想可以列舉其激烈的競爭程度。網路直播大多是從晚上九點到凌晨一點這個時段進行，這個時間是最多觀眾湧進來的時間，所以成為主要播出的時段。而網路直播大多以這個時間為主，因此頻道之間的競爭程度超越想像。再說晚上九點以後也是無線電視台的黃金時段，競爭的對手不只是其他的直播主還加上無線電視台的頻道，這就是所謂的零和博奕。

而剪輯播出從競爭的層面來看相較之下是自由的。觀眾可以在自己方便的時間隨時看剪輯影片。看別的頻道的消費者在找相似的議題時看到我的頻道，或者當某特定的影片造成轟動，而我製作過的議題非常接近的影片就有機會搭上順風車。也就是說這是可以營造出雙贏與共生的事情。

網路直播對於已經有工作的人而言是根本不可能並行的。網路直播一週至少要進行四到五天的播出才有機會獲取固定的觀眾群，一次進行播出時間也長達三到四小時。一個星期四到五次，一次進行三到四小時的直播，那這對上班族而言是非常困難的事情。但如果是剪輯播出，一個星期上傳兩三部，每一次短的是二到三分，長的可以是十分鐘的內容，這樣就足夠了。在週間進行規劃，週末進行拍攝、剪輯，那對上班族而言不是造成龐大壓力的工作量。

想要挑戰一人媒體但不想公開私生活與自己臉的人，也不適合進行網路直播。網路直播需要直播主發散自己的表演天分與魅力，需要可以與觀眾進行溝通，所以不露臉是很難持續進行播出的。而剪輯影片相對的可以因為選擇內容與播出的性質，有時只出現創作者的手或者聲音。

當然如果想以身為一人媒體的身份獲得成功，那麼在剪輯影片露出自己的臉是更有優勢的。因為將自己的臉公開可以獲得觀眾的信任，並給觀眾更為親切的感覺。

因此，網路直播與剪輯播出是這麼的不同。所以請不要再有「一人媒體就是直播」的誤會。一人媒體是包含進行直播的直播主與剪輯影片的製作人的統稱的詞彙。然而將一人媒體當成既有媒體的備案，將一人媒體定義成「找出主流媒體忽視或者容易被忽略的素材，用活潑並自由的角度切入，可以跟消費者營造出更緊密關係的媒體」的話，那麼跟人們的偏見不同的，我覺得一人媒體或許相較於「直播主持人」更貼近「製作人」。

基於這種理由，我建議一人媒體的新手，尤其夢想著成就一人品牌或者是多職人的一人媒體，我建議這些人選擇剪輯播出而不是網路直播。以一人品牌提升名氣，那麼以後總是需要挑戰網路直播的。但那個時間點不是現在，首先要訓練製作人的心態專注於製作出剪輯影片。等到站穩身為一人媒體的腳步後再開始網路直播也不算太遲的。

第二個誤會，創作者就是想當明星的人？

針對於一人媒體產生的第二個誤會就是「創作者就是想當明星的人」。在接受採訪的場合偶然會被問到這種問題。

「你表演天分那麼強，不會想當諧星嗎？」

「你不想在無線電視台主持綜藝節目嗎？」

這種提問的背後有著一人媒體更想要在無線電視進行曝光，而藝人的地位比一人創作者要高的偏見。將一人創作者看成「現在雖然在沒有知名度的情形下進行著網路播出，但只要無線電視台呼叫我，我就隨時準備好接受邀請。」在我主持EBS〈大圖書館雜秀〉的時候，當時就有很多視線關注著我，謠傳大圖書館終於要入駐無線電視台了。但無線電視台的節目是無線電視台的節目，而一人媒體就是一人媒體。

如果無線電視台以龐大的資本與勞力去討論主流議題，那一人媒體則是用相對較少的資本與勞力討論主流無法全部涵蓋的素材。無線電視台的節目相較於一人媒體更大眾化，並製作出品質良好的內容，但很難因應當下觀眾多樣與細緻的喜好。而一人媒體因為規模小，所以可以敏捷應對觀眾的需求，但也因為相同的理由讓內容在質量層面上遺憾的產生不足。就像這樣，無線電視台節目與一人媒體有各自的優缺點與特性，所以很難討論孰優孰劣。

如果一人媒體只是追隨著無線電視台的人群，那麼電視台就不可能邀請像我這種一人創作者去演講。大型電視台的製作人們會聽大圖書館的故事，就是想要知道扶搖直上的一人媒體在未來媒體生態造成什麼樣的影響，無線電視台需要進行什麼樣的準備。

以電視台製作人為對象進行第一次演講時，感受過「要從這種三流人的身上學到什麼啊？」的炙熱視線。當時大眾對一人媒體的理解普遍不足夠，因此在當下那個氛圍有把我看成「因為網路直播所以有點人氣的主持人」而不是製作人的傾向。現在正好是相反的。電視台相關人士大多覺得一人媒體有可能威脅到無線電視。

有次發生過這種事情。某電視台將免費在YouTube公開的連續劇片段轉換成非公開的形式。我當時納悶他們為什麼要錯過向全球十六億觀眾宣傳公司內容的絕妙機會。我向當時說得上話的電視台幹部詢問了理由，對方的回答是希望可以或多或少緩一下YouTube一枝獨秀的態勢。覺得無線電視台在以後會被YouTube與一人媒體超越的危機意識促使他們做出這種決定。因應著這種局勢的轉變，我演講的內容也與一開始比較起來產生了很多變化。在一開始時，我將焦點放在大眾覺得一人媒體是B級、C級的偏見，而現在則是將焦點放在強調一人媒體不是無線電視的競爭者而是可以共生的伙伴。

事實上，無線電視台有一個用最時尚的角度將一人媒體的可能性應用出來的範例。那就是羅暎錫製作人製作的叫做〈新西遊記〉的綜藝節目。將剪輯成十多分鐘的〈新西遊記〉傳到NAVER TV CAST就是一個起頭。這個節目從生出來的時候就是網路節目。

〈懂也沒有用的神秘雜學辭典〉也算是一人媒體的變相版。自古以來旅遊節目的格式就是將代表那個地方的觀光地與當地美食介紹出來不是嗎？舉例說造訪千年古都慶州就一定要去佛國寺、石窟庵、瞻星臺，然後介紹皇南麵包、年糕排骨、嫩豆腐鍋等，這些就是一般性的內容。然而〈懂也沒有用的神秘雜學辭典〉卻是不同的。作家柳時敏則是提及皇理團路(Hwangridan-gil)的仕紳化（gentrification）[1]，而腦科學家鄭在勝（音譯Jeong,Jae-seung）教授則是為了觀摩最新技術造訪EXPO展覽館，小說家金英夏竟然在慶州刻意吃了比薩。演出節目的每個人在一個叫做慶州的，明明沒什麼新意的空間，用自己的專業領域與關注的焦點進行過濾，再次進行詮釋然後將內容傳達給了觀眾。也就是說每位演出人員都扮演了一人媒體的角色。

一人媒體不是無線電視台的追隨者，而創作人也不是藝人。如果詢問創作者是否想成為藝人，那麼十個人中有十個人都會回答不是。無論是藝人、歌手、諧星、演員，這些人員基本上都可以稱為是表演者。由製作人決定節目的主軸，再由編劇寫出劇本。藝人扮演著用生動有趣的方式將這些內容呈現出來的角色。但是一人創作者與其說是表演者不如說是企劃人，直接出現在自己的節目中所以固然可以稱為是表演者，但從節目企劃到剪輯，依照自己關心的領域用屬於自己的顏色決定並引導內容，從這個角度來看其實是更接近企劃者的角色。

最近反而產生藝人想要成為一人創作者，而不是由一人創作者變成藝人的情況。這是由於藝人必須要被發通告才能站上舞台，但一人創作者是可以親自製造舞台的緣故。經營YouTube〈因為喜歡才做的頻道〉的諧星姜友美小姐在某綜藝節目上，曾經這樣描述過進行一人媒體的理由。

「電視節目有編制的更動，可以隨意裁掉我。有時為了節目的進行也要強迫自己做自己不喜歡的事情，但一人媒體可以依照我自己的能力與判斷進行，這讓我覺得很喜歡。」

針對「為什麼不當諧星呢？為什麼不去無線電視台做綜藝節目呢？」的提問，讓我想要回答「因為不想要那麼做」的理由就在於此。我不單是表演者也是企劃者，我不是等待著誰叫我過去進行演出的人，而是製作自己可以站立的舞台的人。

我知道藝人比一人創作者擁有更高的知名度，也賺取更多的金錢。就算我是「一人媒體界的總統」，但我不是從三歲小孩到白髮老人都認識的「國民綜藝明星」。雖然羨慕藝人的高知名度

[1] 仕紳化，又譯為中產階層化、貴族化或是都市發展的其中一個可能現象，指一個舊社區從原本聚集低收入人士，到重建後地價及租金上升，以致讓較高收入人士遷入，並取代原有低收入者的現象。

與高收入，但我從身為一人創作者與企劃人所獲得的成就感得到更大的滿足。

全家人一起圍坐在客廳大型電視前方的時代已經結束了。現在是在各自的房間用自己的手持式機器觀看自己喜歡的內容的時代。不久前在新聞看到，五年後在客廳看電視的人口，每十人中會減少一人。依照這樣的趨勢，超大型電視市場的成長預計會趨緩。

我的想法是覺得，大眾覺得無線電視會完整消失的預期，跟電視會侵蝕廣播節目一樣，這種預估有很大機率是錯誤的。只是影片的消費型態改變了，無線電視所製作出的內容其威望不會比現在低的。電影產業發展突飛猛進到令人感到可怕，然而覺得可能會消失的電視不也是依舊健在嘛？

我預期未來的電視會被一人媒體影響，在製作費用與規模上進行瘦身，並靈敏應對觀眾的需求，而一人媒體則被電視影響，所以會進化到提供質量更高的節目播出。在這種變化中，一人創作者的影響力將會逐漸變大。接著就不會再有人詢問一人創作者為什麼不想成為藝人了。

第三個誤會，一人媒體一定要有知名度才會成功？

有越來越多的藝人開始挑戰一人媒體。諧星姜友美小姐的〈因為喜歡才做的頻道〉目前擁有三十萬名的觀眾群，諧星金起秀先生（音譯Kim, Ki-su）目前以美妝創作者的身份活躍於YouTube。最近因為演員宋恩彩小姐成為AfreecaTV的直播主而引起話題，女子團體f(x)的Luna與Amber也用只屬於自己特色製作出的內容在YouTube獲得人氣。樂童音樂家（AKMU）的秀賢，EXO的燦烈也把經營YouTube頻道當成興趣與粉絲分享瑣碎的日常生活。

可能是因為這種趨勢的關係嗎？最近對大學生進行演講或者舉辦粉絲會的場合常會被問這種問題。「有越來越多的藝人跳進一人媒體的市場，像我這種素人還有競爭力嗎？」

這就是關於一人媒體的第三個誤會。覺得沒有知名度的素人比藝人在一人媒體市場趨於劣勢。

挑戰一人創作者的藝人變多，這真的是令人感到感激的現象。我重複再說一次，一人媒體市場不是一個人擁有那麼其他人就只能失去的零和博弈（zero-sum），而是全部都可以一起雙贏的遊戲。擁有高知名度的藝人跳進一人媒體市場，那麼就會有更多人關注一人媒體，因為這樣而吸引更多觀眾形成更大的分母。這對身為一人創作者的大家都是正面的現象。

但是也會有人擔心自己的內容競爭力不如藝人。其實藝人的知名度在一人媒體初期的確是有優勢的，有些人可能是那位藝人既有的粉絲，有些藝人在無線電視台無法展現自己，因此經營起一人媒體，另外也有人是因為好奇，這些人群都會來看這位藝人的節目。不過藝人因為知名度所佔的優勢就到此為止了。初期的好奇會消失而泡沫不見了，從下次開始就是企劃力戰爭了。如果內容不新穎有創意，如果沒有意思，那麼觀眾就會毫不留情的離開。

近期無線電視的諧星綜藝節目呈現逐漸陷入萎縮、廢止的氛圍，所以越來越多的諧星為了尋找自己站立的舞台而轉變成為一人創作者。大多數人可能覺得諧星表演天分很強，又有很多個人專長所以可以輕易在一人媒體獲得成功，但事實剛好相反。一人媒體沒有一起編寫劇本的編劇與同事，也沒有可以凸顯自己幽默梗的伙伴，諧星只能用自己的表演才華與專長熬過去。但是用個人專長製作出的內容是有其限制的。可能有辦法熬過一兩週，但創意點子枯竭之後就沒有答案了。

無論是諧星或是任何人，想要持續製作內容就要有企劃能力在背後做支撐。姜友美小姐與金起秀先生的頻道獲得好評並不是因為他們的藝人身份而是企劃力。姜友美小姐就如鄰居姐姐般親切的分享著自己的日常生活並與觀眾進行著溝通。金起秀先生強化自己的專長與專業，製作出關於彩妝的內容。兩位都有可以持續創作並製作出觀眾喜歡的內容的企劃力。如果沒有這種企劃力，只憑著知名度跳入一人媒體，那麼無論這位藝人多麼火紅都無法獲得成功。一人媒體的成敗不在知名度而是企劃力。內容要有趣才會被揀選，所以是不是藝人並不重要。

有些時候擁有高知名度的藝人反而在一人媒體處於劣勢。越是有名的藝人，自己的角色與個性就會越明確，那麼如果想在一人媒體維持那個角色（特色），就會在企劃內容的時候產生限制。相對的，如果大膽放棄那個特色，那麼觀眾就容易感受到違和感。所以就算是藝人，如果在大眾心中的角色沒有那麼明確或者知名度沒那麼高，反而在一人媒體這個領域是有優勢的。

代表性的範例就是經營YouTube頻道〈Enjoy Couple〉的諧星情侶孫民秀先生（音譯，Son, Min-su）與林拉拉小姐（音譯，Lim-Lala）。他們製作的內容「偷拍電梯放屁惡作劇」（暫譯）引起轟動，讓〈Enjoy Couple〉的訂閱人數一躍突破五十萬人次以上，這對情侶最近還參與了「YouTube FanFest Korea 2018—直播秀」。這兩個人的案例有點奇特，他們擁有高人氣不是因為藝人身份，而是憑藉著身為YouTuber的知名度。身為諧星沒有既定的形象與角色，這在無線電視台可能是缺點，但在Youtube反而成為優點，因為這就會讓諧星在沒有偏見干擾的情形下，用內容的企劃力決一勝負。

但是如果有人問我「像我這種不是藝人的素人有一人媒體的競爭力嗎？」的話，我想要這樣進行回答。

「請舉出目前最當紅的五位一人創作者。」

我想這就可以充分成為答案了。

製作出只屬於我的招牌內容的企劃力

「要做什麼樣的內容才會成功呢？」

無論被採訪還是去演講，真的常被問到這種問題。這不是一個容易回答的問題。身為製作過無數內容的一人創作者，真的無法針對單一內容進行點閱率的預測。有些內容企劃也好，拍攝出來的感覺也好，所以覺得「哇，這次應該可以破一百萬點閱率吧！」然後抱著滿滿的期待，但有時無法達到預期。又有些時候整個放鬆以輕快的心情製作了內容，竟然出現了超級多的點閱率。

要精確查出什麼內容為什麼受歡迎的理由是非常困難的，縱使查出來了，也無法保證那個分析在日後也有效用。真正令人感到虛脫的是，有時投資了二千萬韓圜（約五十四萬台幣）的製作費製作出嘔心瀝血之作，卻不如我們家狗狗鈕釦與小不點來的有人氣。雖然不想相信，但有不少觀眾是因為看到鈕釦與小不點的影片，而不是看到大圖書館的影片而「入宅」（加入某個領域成為御宅族之意）的。像這樣，因為很難預測所有的事情，所以要將一切交托給命運嗎？

成功內容的基本條件，頻道的特性

縱使無法幫單一內容預測成效，但也不能將頻道整體的命運託付在命運之手。一個頻道可以成功不會單純只是因為運氣好。

經營一人媒體頻道從某種層面來看其實跟經營餐廳是類似的。知名餐廳一定有招牌套餐（signature menu）。將那間餐廳的特性最能展現出來，並且可以與其他餐廳進行差異化的就是這個招牌套餐。如果有「到這間餐廳就一定要吃〇〇〇」的招牌套餐的話，這間餐廳就成功了。

一人媒體也是一樣的。要擁有可以將頻道特性完整展現出來的招牌內容，意即主要企劃。不能因為吃播有人氣，所以沒想太多就跟著播出「吃著某個東西的直播」。如果真的要進行吃播，那就有必要構思如何吃某樣東西的主要企劃。舉例來說，擬定「五千韓圜（約一百四十台幣）吃播」為主要概念，就以五千韓圜去買菜煮菜吃，也可以試著挑選五千韓圜的吃食進行吃播，展現出類似這種有主軸的企劃案。

如果把遊戲節目想成只是在播出玩遊戲，那這就有點困難了。大圖書館ＴＶ的招牌內容是「綜藝與遊戲接軌」。跟模仿高人氣連續劇或電影一般，當玩著沒有故事的遊戲時用說故事的形式生動的演活遊戲中的角色，就可以提升觀眾的專注力並賦予趣味。

雖然說美容節目相關的內容被稱為是紅海，其被製作出來的量是如此龐大，但只要主要企劃明確就可以吸引觀眾的視線。舉例說，SSIN進行的美容頻道不是單純止於傳達彩妝的技巧，而是將故事加入在其中。介紹偶像明星彩妝的內容時跳著偶像的舞蹈，介紹適合聯誼的彩妝時會在房間內到處來回走動，SSIN會以這種形式開始自己彩妝節目的播出。

一人媒體新手最常犯的錯誤就是在沒有主要企劃的情形下，沒有思考過頻道的特色，不管什麼內容只要想到就做，然後把完成品傳上去。星期一介紹電影，星期二分享明太子義大利麵的食譜，星期三炫耀在日本血拼回來的化妝品，星期四進行江陵美食餐廳的吃播，星期五做遊戲播出。就像這樣雜亂無章法沒有一致性的努力上傳內容。

如果問對方為什麼這麼拼命上傳內容，那麼對方會回答自己不知道自己擅長什麼，也不知道觀眾想要看什麼，所以就當作是在進行實驗。有些人也會回答「誰知道這裡面哪個會爆紅呢？」意思是說反正是新手，所以先這個那個都傳上去看觀眾的反應。很抱歉，這種策略是絕對不會成功的。

當然如果上傳多樣的內容，總會有一個是能吸引觀眾視線的。如果有一位對化妝品有興趣的觀眾，可能就會覺得頻道在星期三的內容「炫耀在日本血拼回來的化妝品」是有趣的。那麼下次會再來尋找是否有適合自己胃口的目錄。如果有像是「冬天新上市的口紅開箱文」，或者是「保濕乳霜精選TOP3」這種內容一個接著一個被傳上頻道，那麼觀眾就會按下訂閱的按鈕，變成在有空就會來造訪此頻道的熟客。不過看不到自己想看的內容，只看到奇怪的美食餐廳探訪記，介紹電影，分享食譜、遊戲等的內容的話呢？這位觀眾會成為訂閱觀眾的可能性就是零了。

其實並非只有新手才犯這種錯誤。明明確定頻道特色並製作著有一致性內容的人，也因為頻道的知名度不如預期，所以想著「聽說最近○○很受歡迎，那麼我也來試試看嗎？」但是開始對這種誘惑感到動搖後，這段時間以來堅持固守的頻道特色就會變成泡沫了。

賣豬腳的餐廳不可以因為店裡沒有客人，所以學隔壁人潮絡繹不絕的餐廳賣起辣炒年糕。如果我是客人，我也不想在賣豬腳的餐廳吃辣炒年糕，也不想在這裡吃豬腳。看一人媒體的觀眾也有著類似的心態。沒有一致性與特色，沒有頭緒的上傳多樣內容的頻道是難以令人感到信任的頻道。

要確定頻道觀眾群的年齡別與特性

如果不想頻道特性搖擺不定，那麼就要確定「是誰在我的頻道進行消費」。設定觀眾的年齡層是最重要的事情，因為依照如何訂立年齡層，內容就會呈現完全不同的走向。

舉例說縱使在播出遊戲的頻道，遊戲的切入點會因為對象是國小還是二十幾歲的大學生而有所不同。如果對象是國小生，那麼玩「當個創世神」（Minecraft）會比較有優勢。「當個創世神」的主要玩家是國小生，所以內容是玩這個遊戲的話，那麼國小生的點閱率總是很高。但當對象是二十幾歲時，只因為最近這個遊戲很有人氣才玩「當個創世神」的話呢？那麼連剩餘的二十幾歲的觀眾也會脫隊陣亡了。當然有可能獲取新的國小觀眾，但既有的二十歲以上的對象會因為無法從內容獲得認同，沒有認同就無法成為高忠誠度的觀眾。

在製作內容的時候，不單需要考量到觀眾的年齡，還要思考觀眾的喜好與特性。大圖書館TV當作主要收視群的觀眾是從十七歲到三十歲的觀眾群，喜歡遊戲但不是玩家水準的觀眾群。確定好目標觀眾群後，要製作出的內容就會變得明確。如果我擁有職業玩家級的水準，規模很大又有高完成度的過關斬將技巧，那我的觀眾們難說會感到非常失望的。

大圖書館TV的樂趣就在於我第一次玩特定遊戲時，在整個過程是笨手笨腳的在徬徨或者發火然後接受觀眾的幫忙最終達到可以破關的情境。所以我的節目主要選「詭異又沒有脈絡」的遊戲或者非主流的遊戲。這種遊戲不需要從一開始就看節目，從中間開始看也不會因為接不上而感到有壓力，再說我可以運作的空間也會比較大。

如果點閱率是我當初的目標，那麼將頻道的年齡層抓在國中以下是最有利的（點閱率高並不代表收入高。我後續會針對這個部分做詳細的解釋）。這群觀眾比高中生、大學生、上班族有更多休閒時間，所以可以花更多時間看影片。

如果目標觀眾群是幼兒，那麼點閱率甚至有可能破億。因為發育特性的緣故，幼兒會反覆看同一個內容所以點閱率當然是高的。另外，如果目標觀眾群是幼兒的內容相較於說話或文字，大多只是單純的依賴影像，所以除了國內之外連海外觀眾都有可能看到相關內容。

但是以兒童為對象的內容可能性大但限制也是明確的。以兒童為對象的非口語（non-verbal）內容，常只運用創作人的手，縱使公開了臉部也很難保障其知名度可以擴散到各種年齡層。舉例說EBS的閃電人角色在兒童之間可謂是超級巨星，但只要一離開EBS就失去了魅力。如果家裡有幼兒可能還好，但一般人甚至不知道有個叫做閃電人的角色。

創作者的知名度低意味著廣告影響力薄弱。兒童頻道點閱率高所以的確會有很多廣告，但卻難以將自己推銷到外部的廣告。在一人媒體廣告市場所謂的「外部廣告」是創作者接受廣告主的委託，負責從企劃到編輯進行統籌製作出廣告的作業。你可以試想我在近期拍攝某公司的床鋪廣告。我在那個廣告裡並非只扮演模特兒，而是負責從企劃到拍攝、編輯等負責統籌所有過程並進行製作的角色。

外部廣告並非只評估觀眾數或訂閱數等比較數值層面的東西，也會以一人創作者的能力與影響力等進行綜合性的判斷再進行委託。廣告主考量的是該製作人有沒有能力製作出符合該公司水準的內容，創作人自身的知名度、影響力與形象等所有的事情。兒童頻道的創作者除了兒童之外在其他年齡層的知名度偏低，所以很難說有廣告影響力。因此想要提升身為一人媒體的知名度與影響力，那麼將目標觀眾群放在兒童並非是好的選擇。

如果有特性不同的內容，請放在不同的頻道

可能有人會問這種問題。

「為了要守住頻道特性，持續製作出得不到觀眾回應的內容不知道有什麼意義。乾脆中途修正目標觀眾群或者主要企劃會不會比較好呢？」

如果經營頻道的時間沒超過一年，那麼這個問題可能出現的有點早。持續製作就會至少出現一個吸引觀眾目光的內容。一開始的時候只有某特定內容的點閱率如尖銳的山峰般往上凸起，但頻道特性明確而定期穩定持續上傳內容，那麼其他的內容也會慢慢的被消費而點閱率也會開始上升。

如果頻道特性不明確，那麼點閱率就會如心跳般的跳動著。一個內容紅了卻因為不再有類似

的內容所以點閱率下滑了，又有一個內容紅了之後又開始下滑。相對的，如果特性明確的頻道，其點閱率會呈現階梯性的緩慢上升的走向。因為某一個內容紅了所以突然崛起然後一直維持住（因為有新加入頻道的觀眾看到可以感到滿足的其他內容，所以點閱率不會下滑），又有另外一個內容紅了那麼就再往上一層然後繼續維持住。

想要出現這種效果那麼最少需要五個月，大多需要花一到二年左右的時間。所以不要用那麼急躁的心情追著當下的流行跑，重要的是以愚直踏實的心態製作自己想要的內容。這就是身為一人創作者可以感受到成就感並讓頻道成功的路徑。

如果多年來都可以好好維持頻道特性獲得穩定的觀眾群後，偶爾上傳幾個類似活動性質的當下流行的內容是無妨的。就像大圖書館ＴＶ偶爾也會上傳鈕釦與小不點影片這樣。

然而創作者如果在中途想要轉變喜好，或者覺得一開始設定的目標觀眾群是錯誤的所以才需要改變路線的話，那麼乾脆另闢一個頻道或許是比較好的。與其讓不同內容混淆同一頻道的特性，不如重新開一個頻道分開管理比較好。

不需要因為一個人同時經營好幾個頻道而感到有壓力。頻道不是代表一人創作者的臉面而是一個品牌。你可以試想一個大企業旗下同時擁有多少個品牌就可以了！同理的，創作者也可以同時擁有數個品牌。我也為了要展現大圖書館ＴＶ之外的其他頻道，正花好幾個月進行著準備。

光憑大圖書館ＴＶ是無法消化我彷彿湖水般寬廣卻如手指甲般淺薄的好奇。

大家都說一人媒體的生命是企劃力。一般提到「企劃力」可能會想到奇特的想法或嶄新的產品。所以覺得要製作煽情刺激並且對流行敏感的內容。覺得只要能有一個奇特新鮮的內容爆紅就可以成為混得好的創作者。但我無數次強調，或許可以以單一內容引起關注但卻無法以此獲得高忠誠度的訂閱觀眾。只有特性明確主題一致的頻道才會形成高忠誠度的訂閱觀眾。

從這個意義來看，內容企劃能力意味著「明確的特色」而不是「新奇的點子」。請放下急躁的心情，用誠懇踏實的心態守住特色才可以獲得頻道的成功，讓我們把這件事情銘記在心。重要的不是短期的而是持續的成功。

可以持續的可能性，要喜歡才會長久

如果說一人媒體最重要的是頻道的特性，那第二重要的就是持續性。

YouTube在每一分鐘就有四百小時份量的影片被傳上來。一天被上傳的影片份量等於是約五十七萬六千小時的份量。如果一個人一天二十四小時什麼都不做只看影片，那麼就是要看六十六年的份量。光用數值層面進行思考，一天就被上傳六十六年份量的內容，那麼我剛製作完成的十分鐘的內容在狂瀾的夜空就像是稍縱即逝的星星般，感覺是沒有任何存在感的。

縱使這樣也不能妄下定論說YouTube是紅海。網路直播有點難說，但剪輯播出是可以構成雙生雙贏的遊戲。雖說內容的世界有如那般寬闊的海洋，但我的內容閃爍著只屬於自己的光芒，總有一天可以吸引某人的目光。雖然不知道會爆紅的是哪個內容，但我可以保證這件事情。

沒有在一年內獲得成功的一人媒體

「一週上傳二至三次特定內容，持續上傳一到二年那肯定成功。」

在這裡所謂的「成功」意味著他人的認同、感受到身為創作者的成就感、新的機會，另外就是金錢上的補償（我以非常謹慎的姿態進行預估，然而可以期待一個月最少一百萬韓寰〔約二萬七千台幣〕以上的報酬）。如果在這裡加上才能與誠懇踏實呢？就可以成為年收入破億的明星創作者。

「身為YouTuber獲得成功要花這麼長的時間？不是單一影片爆紅就可以賺大錢嗎？」

這種誤會起因於針對每單一內容點閱率就有一韓寰的想法。在YouTube想要提升廣告收入，那必須要滿足「訂閱觀眾人數一千名以上，過去十二個月觀眾收視時間超過四千小時」這兩個條件。YouTube只針對符合這個標準的頻道檢討創造收入方面的事情。也就是說，在初期左右廣告收入的不是點閱次數而是訂閱觀眾的人數。

那要怎麼獲取一千名以上的訂閱觀眾呢？那麼就不該把著眼點放在製作爆紅的內容，答案是要持續製作出優質的內容。一個星期製作出兩個內容，那麼六個月就是五十二個，製作一年就是一百零四個。一個頻道要能累積出這種量才有機會獲取高忠誠度的訂閱觀眾。

不單是每週上傳兩次，也需要謹守類似「星期二與星期四晚上十點」這種規律的星期與時間。依照自己喜好隨意上傳的內容是無法給觀眾帶來信任感。就好像再怎麼好吃的餐廳，如果老闆依照自己喜好隨意更換營業時間，就很難產生熟客是一樣的意思。

YouTube剪輯影片雖有著無論在哪都可以觀看的便利性，但依照創作者喜好隨時上傳影片也不是一件好事。謹守定好的星期與時間才會給觀眾帶來信任、滿足與期待，這樣才能提升忠誠度。

因為沒有來自組織或他人的規範，要自己管理時間的關係，因此對創作者而言有沒有截止時間是有天與地般的差別。為了讓身為創作者的自己不要怠惰，所以需要定好上傳內容的星期與時間。上傳預告片也是好方法。將下一個內容的內容剪成五到十秒的簡短影片預先傳上去也可以引起觀眾的關心與期待。

網路直播也是一樣的。一個星期四次以上，至少要做六個月以上的直播才有機會開始從觀眾那裡得到回應。在我開始進行直播一個星期就可以得到觀眾優質的回應，是因為二〇〇六年當時是網路直播的草創期，我有主持過SayClub廣播節目的經驗再加上運氣等等，這一切成就了那件事情。

現在網路直播競爭炙熱的程度可謂是春秋戰國時代，因此直播新手想要在短時間內獲得觀眾的回應就更困難了。至少要進行六個月，直播主才會熟悉網路直播的環境，觀眾也會對頻道感到熟悉。這是直播主與觀眾彼此不再感到害羞可以流暢進行溝通所需要的時間，所以不可以感到急躁。

尋找可以持續製作一年以上的題材

無論是剪輯節目還是直播，想要持續每個星期製作二至三個特定內容其實不是一件容易的事情。首先會擔心創意枯竭。會感到「這真的是爆紅的點子啊！」的內容大多只是一次性的。再怎麼擁有卓越創意的創作者也無法每次都製作出爆紅的內容。而在企劃規劃初期就選擇把著眼點放在可以持續進行的素材，而不是一次性的有趣素材，那麼就不需要擔心點子枯竭而無法製作內容。

舉例來說對美術知識淵博的人，製作出仔細逐一描述名畫作的內容那會如何呢？用簡單有趣味的方式在五分種以內的時間描述這幅畫作為什麼被稱為是名畫，要關注哪個地方等內容的話，那簡直太棒了！維持既有的格式，只要每次更換知名畫作就可以，所以可以在根本不需要擔心創意的前提下製作出至少可以持續兩年的內容。雖然無法馬上引起話題，但可以點滴逐步增加訂閱觀眾並獲得良好的回應。

相對最近流行的「HAUL華爾（音譯）」[2]（炫耀大量血拼的名牌產品的內容）很難說是優質的企劃。華爾是炫耀購買單價約二十至三十萬韓寰，或者有時可能達到數千萬韓寰單品的內容。在近期有許多觀眾就當作是在幫自己代理補償般的看這個內容，讓這種性質的內容引起了話題，然而相對也有諸多評價，批判這種過度消費的內容會營造出違和感。重要的是這種企劃有難以持續的問題點。

創作者並非是某財團的第二代，那麼在製作以過度消費為主軸的內容終究會面臨其極限。縱使不是自己掏錢購買是接受贊助，那觀眾會多信任創作者所下的評論，這又是另外一個問題。最終從各種層面來看，以華爾這種性質的內容持續經營頻道兩年是有著諸多議題的。

刺激性的內容可以瞬間抓住觀眾的視線，卻無法獲得高忠誠度的訂閱觀眾。製作過一次刺激性的內容，那麼之後就要製作出更刺激的內容才能符合觀眾的期待。

如果今天購買的額度是二十萬韓寰左右的東西，那麼一個月後要花超過一百萬韓寰才能吸引

[2] Haul是有著「拖運；搬運」意思的詞彙，在韓國以新造語的型態使用這個詞彙，意味著瘋狂血拼保養品、服飾、飾品等的意思。

觀眾的目光。侮辱他人，賭上自己性命的狂瀾追逐，惹出各種怪異行為引起話題的一人媒體，每次都要比上一次做出更愚昧更危險的挑戰才能製作出內容。這種刺激與愚昧的盡頭到底在哪裡呢？只要陷入刺激性內容的誘惑，就只會讓自己掉入追求更大刺激的懸崖。

刺激性內容對於創作者本人的人生也會產生無法抹滅、一輩子都洗不掉的污點與傷口。明星藝人在電視或廣播節目犯錯之後，還可以有為自己進行辯解的餘地。可以說自己只是照著腳本做，這是惡魔的剪輯，經紀公司針對內容一開始的規劃就是如此，等等……然而一人創作者是自己負責自己的內容，所以無法將責任歸咎到任何一方，自己要為自己的內容負起完整的責任。

若不是喜歡的領域就撐不久

超過兩年穩定經營頻道，就會形成紮實的高忠誠度粉絲群，也會形成創作者的粉絲團。若是這樣那觀眾來看的就不是內容而是來看創作者。在這個基礎上，加上一定比例的廣告收入，就可以辭職將時間與努力投資在製作內容。然而直到進入這個軌道之前才是議題。既不能忽略既有的工作，同時又要製作內容，所以身心理所當然是辛苦與疲憊的。

我建議的作業流程是平日進行規劃而在週末一次完成從拍攝到剪輯的作業，並預約好在下週固定時間進行上傳的方式。為了要使這個日程變得可行，那麼就不可以覺得週末進行拍攝與剪輯是在「週末加班」。

「從星期一到星期五已經很辛苦了，週末不能休息還要工作嗎？」

如果會有這種想法的話，能夠製作出優質內容的可能性是幾近於零。如果覺得很累需要刻意做這件事情的話，那麼就需要回到根本好好進行思考。觀眾一眼就知道內容是因為創作者喜歡才做的，亦或是為了賺錢而強迫製作出來的。這兩者在趣味與質量層面是完全不同的。

如果覺得製作內容很累，那麼先別說觀眾的反應，創作者本人就因為勞累而撐不了幾個月。想要持續製作內容那麼就不可以只依賴創作者的耐力。一開始就要找出讓創作者不會感到辛苦的事情當作素材。

再說要是一想到就會馬上爬起來的事情，花再多錢也不會覺得可惜，做再怎麼久都不會覺得累的事情，要將這種事情製作成內容才不會覺得累而可以長長久久的進行。從這個意義來看，御宅族是最適合一人創作者的一群。阿宅是屬於就算沒人在看也可以自己開心製作出內容的人。

我不是擁有「縱使地球在明天滅亡，我依舊要種一顆蘋果樹」心態的人，而是想要玩遊戲的人。我從國中開始無時無刻都在玩遊戲，每天晚上的工作就是玩遊戲，但依舊喜歡玩遊戲。

再說我是屬於用講話抒發壓力的人。有些人在覺得疲累時會想擁有屬於自己的時間，但我卻正好相反，我是透過聊天甩開疲勞並治療心裡傷口的人。所以每天晚上做網路直播對我來說不是工作，是開心的玩樂，是療癒。這就是我可以在超過十年不會感到低潮，可以持續進行網路直播的理由。

有些人賺很多錢卻很不幸福。他們覺得每天都以侵蝕著自己靈魂的代價賺取金錢。為了錢才強迫自己做自己不想做的事情。然而成功的一人媒體卻是不同的。強迫自己做不想做的事情而無法獲得成功的領域就是一人媒體。

成功的創作者令人感到賞心悅目不單是因為賺了很多錢，而是因為邊做著自己喜歡的事情同時又賺到錢。

不要關注成功秘訣，就踏實的運作一年

「想要成為成功的創作者，那該怎麼做呢？」

針對這個問題，我的回答可說是無趣透頂了。

「要誠懇踏實。擁有才華的人有很多，但誠懇踏實的人卻不多。」

對於期待更實用答案的人，我對這些人感到抱歉，但事實就是如此。連續劇〈白色巨塔〉裡

有這種經典台詞。

「不是強的人生存，生存下來的人才是強的。」

這個台詞可以完整適用於一人媒體。才華與表演天分固然重要，最終就是看到底誰可以撐的久，這就是左右成敗的關鍵。不眷戀點閱率或訂閱觀眾數，能持續製作出自己喜歡的內容才能獲得成功。

第一次將內容上傳到頻道，那麼點閱率可能落在約一百左右。更差的時候也可能不到十。知名創作者一開始的時候就是這樣。現在飛簷走壁的創作者也經歷過點閱率不超過一百的時期，在那個時候與其失望倒不如持續上傳影片，為了自我成長與發展努力著，屹立不搖的持續兩三年之後才開始有了知名度。

現在無法立即獲得觀眾的回應是不需要感到失望或挫折的。閉上眼睛就持續做一年吧！沒有反應的話呢？那麼再持續一年吧！到了那個時候就會慢慢開始產生回應了。你的名字開始被看見，開始有了忠誠度高的訂閱觀眾，那麼在草創時期上傳的不具備人氣的內容最終全部都會被看見。也就是說沒有所謂誰都不看的沒有意義的內容。持續兩年製作的內容是絕對不會背叛創作者的。

不單是剪輯播出，網路直播最終拼的就是誰更誠懇踏實。重要的不是多少人在看我的節目，而是有觀眾在等我的節目。在規定好的時間知道有觀眾會來看我那麼就懶不起來了。

我在別人都休息的逢年過節也會進行直播。有些觀眾在過年過節時會更容易感到寂寞，又有些觀眾會覺得無聊，又有的觀眾會覺得終於有了空閒時間所以在等著看我的直播。雖然這難說是一種典型的工作上癮症狀，但我如果不做直播就會覺得坐立難安全身不太對勁。

鏡頭與麥克風前是讓我感到最舒適的位置。我的身體這樣感受著。數年來在同一時間進行著直播，所以身體適應了這個模式。也不是刻意要求自己要誠懇踏實，就自動順其自然的到達了誠懇踏實的意境。

身為畫家同時也是攝影家的查克．克洛斯（Charles Thomas Close）說，所謂的靈感是為了業餘人士的，如果是專家就會直接進行作業。意思是說如果坐著等絕妙的靈感浮現那就什麼都不能做，但沈默的持續進行著作業，那麼就可以完成某件事情。

一人創作者不是從某人獲取金錢然後交付內容，而是自己主動製作出內容的人。手頭上進行的事情不是誰指示的，而是因為自己喜歡才做的事情，所以在進行時比較容易誠懇踏實，但也有可能因為同樣的理由而更容易感到怠惰。創作者要能自己賦予自己動機，要能夠努力讓自己誠懇踏實起來。作家村上春樹在過去三十五年每天寫五小時的稿子。我比任何一種才能更相信愚直與誠懇踏實的力量。

讓企劃起死回生的魔法來自於剪輯能力

一人媒體有網路直播與剪輯播出這兩種節目形式。剪輯播出意味著將完成拍攝經過剪輯的影片上傳到YouTube的節目。AfreecaTV在韓國一早穩住位置後，大眾開始有了「一人媒體＝網路直播」的刻板印象，然而在海外的趨勢是剪輯節目更勝於直播。剪輯節目與播出時間被規範好的網路直播不同的，可以依照使用者覺得喜歡與方便的時間觀賞影片。比任何事情更重要的是，創作者可以在自己的房間製作完作品後分享給全世界，這一點就是剪輯節目的魅力。相對的，網路直播有語言問題，所以想要輸出海外當然是有困難的。

我總是向一人創作者的新手建議從剪輯節目而不是從網路直播開始。網路直播需要主持功力、應對能力、口條、表演天分，然而剪輯影片只要具備企劃力那麼任誰都可以試著挑戰。縱使在主持與口條部分有所不足，可以在腳本、剪輯、字幕部分進行補強。

創作者需要親自剪輯影片的理由

「我一面對鏡頭就覺得暈機，但我真的好想做網路直播。要怎麼做才可以克服暈鏡頭的毛病呢？」

在演講時某位大學生提出這種問題。我說答案是從剪輯節目開始，而不是一開始就試著挑戰網路直播。縱使都是同樣的鏡頭，但直播與剪輯節目的緊迫與壓力是有著天地之差的。直播沒有可以挽回失誤的餘地，但剪輯節目可以盡情犯錯然後再進行修正與補強。因此如果面對鏡頭會暈機，那麼先從緊張程度相較之下比較低的剪輯節目開始進行訓練是比較好的。

我建議從剪輯節目開始是有另一個理由的。親自剪輯自己拍攝的影片，就可以提升對於一人媒體的理解度。知名創作者大多都有另外配合的剪輯師，當製作出的內容數量增加，廣告或者外部活動等事情開始變多，那麼無可奈何的就需要與專業的剪輯師配合。也或者頻道開始獲得人氣知名度提升了，那麼觀眾對於內容質量的期待也會跟著提高，所以開始需要專業剪輯師的協助。

但是在頻道變有名之前，在草創時期完全沒有廣告收入，所以沒有可以將影片委外剪輯的空間。如果知名創作者在草創時期勉強委外，請專業剪輯師進行剪輯作業，那會怎麼樣呢？會因為內容的質量變好了所以更快成功嗎？不會，不是這樣的。如果他們真的那樣做，那麼他們不會獲得像現在這樣的成功。我可以這麼篤定的理由是，為了能以一人創作者獲得成功就一定需要接受親自剪輯影片的訓練。

剪輯的基本是剪以及貼。將沒有必要的場景剪掉，然後將有意義的場景貼起來，這裡所謂的沒有必要的場景不單只是指NG場景，跟內容所規劃的方向不符合，像蛇足般多餘的場景也是需要被剪掉的對象。想要相接的場景之間，需要維持類似的基調。相連接的兩個場景之間不可以在時間與邏輯脈絡上有太多落差。

也就是說剪輯這個作業流程，意味著剪輯人理解了內容之企劃意圖與概念，所以在剪輯時得以維持著一致性的脈絡。這同時也意味著創作者透過剪輯的過程可以更明確理解自己的企劃。

創作者在進行剪輯的時候，同時也可以幫助訓練自己身為主持人的禮儀與講話技巧。剪輯的時候難免將重複過的話或失誤的部分剪掉，重複剪輯著這些失誤，那麼就會對身為主持人要修正什麼失誤或該注意哪些習慣變得一目了然。

創作者需要親自試著剪輯影片的另外一個理由是，因為只有自己才是最理解自己魅力的人。創作者在什麼時候會有突出的表現，這部影片想要展現什麼，在世界上對這些事情理解程度最深的就是創作者本人。

我們Uncle大圖的剪輯師們曾經有段時間幫忙剪輯姜友美小姐的影片。姜友美小姐因為各種節目通告挪不出時間，所以就將剪輯委外了。然而剪出來的作品卻成為沒能將姜友美小姐的魅力與搞笑點突顯出來的，成為了平淡無味的作品。

與姜友美小姐有私交的YumDaeng知道姜友美小姐行程忙碌後，向Uncle大圖的剪輯師們請求協助。然而Uncle大圖的剪輯師們回饋，姜友美小姐親自剪輯的影片比Uncle大圖剪輯師們剪輯的影片更有趣。這群剪輯師們，以剪輯技能來說當然是更卓越的，然而卻無法追上姜友美小姐的幽默感、品味以及感覺。最終只有姜友美小姐自己，才是那個最能透過剪輯讓自己的搞笑點與魅力展露無疑的人。

如果說創作者自己才是那個透過剪輯將自己的優點最大化的人，那麼創作者們將作品委託給專業剪輯師進行剪輯，這又是怎麼回事呢？創作者們的剪輯師大多是前任「熱血粉絲」。目前在Uncle大圖工作的專業剪輯師裡也有很多都曾經是大圖書館的粉絲。某位朋友某次為了找樂子，將我直播聊天的影片剪輯成三十分鐘的份量，然後將剪輯好的影片上傳到社群網路，這位就是我挖角的第一位剪輯師。另外一位朋友是看到Uncle大圖的職缺廣告獲得聘用，他有些時候讓我覺得比我更理解大圖書館，而他的掌握程度甚至達到令人覺得驚嚇的程度。

我在節目中扮演的部分角色是炫耀與虛張聲勢。我炫耀的不是金錢，而像是「我現在超會做這個」這樣炫耀自己的能力。或者像「這我就是專家喔！」這樣虛張聲勢然後被打垮，而這就是我的搞笑點。老練的剪輯師熟練的看見這些特點，然後讓角色可以變得更為突出，這就是所謂的剪輯實力。若要達到這種意境，剪輯師需要具備的最重要的能力就是要熟知角色的魅力，要能洞悉在什麼樣的脈絡下可以突顯那份魅力。從這個角度來看，最優質的剪輯師是創作者本人，接下來就是關心創作者並對其有熱情的粉絲們。

剪輯影片的五個核心元素

可能很多人說我現在知道為什麼要親自剪輯影片，但是我還是沒有自信將這件事情做好。其實無論是拍攝與剪輯，都不需要對這些事情感到畏懼。有一個智慧型手機與電腦影片剪輯軟體就可以了。剪輯的基本就是剪與貼，這是可以透過自學充分學起來的技術。在影片放進CG或字幕也沒有想像中的困難。我在此為了剪輯新手整理出關於剪輯的簡單的忠告。

1. 整體影片內容在五分鐘以內，最初的三十秒是機會

觀眾大多透過智慧型手機消費YouTube內容。很多人都是在上下班的路上，或在咖啡廳等某人時，透過這種零碎的時間看影片。因此流程簡短但發展迅速的五分內影片是最適合吸引消費者

的影片長度。最長也不要超過十分。

五分鐘的影片沒有討論起承轉合的空間。一開始的幾秒內無法吸引住目光，那觀眾會毫不留情面的轉移到下一部影片。我這麼說不是建議在初期放進刺激性的影片。我的意思是要在三十秒內確定秀出即將展開什麼樣的故事，搞笑點是什麼。

2. 專注在素材而非主題

請放下像無線電視台那種要用起承轉合的方式明確展現出主題的刻板印象。YouTube影片的素材比主題重要。一般在看完主題不明確的影片後會出現「所以到底是怎麼樣？」的回應，然而在YouTube影片不需要擔心收到這種回應。只要有新鮮可以刺激好奇心的素材，那麼就可以保證趣味。

舉例來說有部影片的內容是關於大圖書館一整天做過什麼樣的事情，並在我一天中的日常裡，將吃漆樹燉雞的部分剪成二到三分鐘的影片。雖然是小的又不特別的內容，但建議找出可以刺激好奇心的素材並專心將這個部分剪輯好。

3.要好好展現突發性與即興演出

觀眾想要的是多元性。觀眾想要的不是像無線電視台那樣有著圓潤結構可是大同小異的內容，而是粗糙簡陋但新穎並新鮮的東西。我某次在進行直播時想炫耀籃球能力所以一時興起進行投籃，結果打破了電燈。像這種預期之外的情境在無線電視台是節目失誤，但在一人媒體則是「綜藝神降臨」。請記得不要放過這種突發狀況、即興演出所賦予的趣味。

這種突發狀況當然是要真實不造假的。為了趣味製造出假的突發狀況，那是會被一眼看穿的。請記得沒有偽裝的真實態度才是一人媒體最大的魅力。

4.聊天視窗是直播剪輯影片的生命

我的頻道裡有很多將直播重點簡短剪輯成影片的內容。將直播影片進行剪輯的模式是只在韓國的一人媒體市場才有的獨特模式。在美國等其他地方很早就導入YouTube個人收入的模式，所以直播平台幾乎沒什麼發展，而韓國則是因為AfreecaTV比YouTube更早成長，所以讓網路直播成為一個具備高人氣的播出方式。

我猜想我應該是第一個在AfreecaTV嘗試將直播影片剪輯好再上傳的人吧！當我在AfreecaTV

進行直播的時候，我為了讓直播影片更容易看所以進行剪輯，然後依照類別蒐集起來，等YouTube導入了個人收入模式後，我正式開始將這些直播剪輯影片上傳到YouTube。

我在剪輯直播影片時最在意的部分是聊天視窗。直播有趣的重點是在與觀眾的溝通，反而不是我的播出，所以在剪輯時如何突顯出聊天視窗營造趣味就變成關鍵事宜。因此我當時就向AfreecaTV強烈建議這個事情，爾後才誕生「再次觀看聊天視窗」的功能。可以試想一下MBC的節目〈我的小電視〉（My Little Television）裡，如果沒有聊天字幕只有表演者介紹內容，那整個節目就會變成無聊的個人秀。如果想要將直播中因為溝通所帶來的趣味如實呈現出來，那麼就不可以忽視聊天視窗。

5. 注意著作權

新手創作者最容易忽略的就是著作權。沒有確認好文件、音樂、照片、字體（font）、影片等的著作權就這樣拿來用，日後就有可能被著作權費用的炸彈轟擊。如果有「我的頻道目前觀眾人數不多，怎麼會因為著作權出什麼事情呢？」這種安逸的想法，那日後就要等著倒大楣了。

音樂是製作影片不可或缺的元素，然而因為著作權議題常發生無法自由使用的窘境。縱使想要付錢使用某個音樂，但針對一人媒體的使用機制尚未被建立起來的現在，令人感到遺憾的是竟然沒有可以付錢使用的機制。因為覺得沒有付費機制所以抱著僥倖的心態，拿一堆有著作權的音樂來用，以後就真的會出事。我聽說過著作權協會在訂閱觀眾不多的時候會先放任不管，等開始出名之後就會一次索取著作權費用的範例。幸好在CJ E&M擁有大量的音樂著作權，所以讓我在使用音樂這個議題上沒有太大的問題，然而如果無法獲得MCN（Multi Channel Network，多重頻道網路，支援、管理一人媒體，並分享收入的事業體）支援的創作者那麼就要多注意了。如果內容是Cover Dance（學流行歌手的舞蹈），那進行播出的音樂都受著作權的保護，所以縱使訂閱觀眾人數多而點閱率高也無法獲得廣告收益，請創作者一定要記得這件事情。

字體（Font）著作權也是需要注意的事情。以我自己為例，我每年就在支付約六十萬韓寰的字體著作權費。如果對著作權費用感到負擔，那建議在使用前一定要確定該字體是否可以免費使用。

如果對影片與音樂等著作權有所疑問，那請直接聯繫韓國著作權委員會（www.copyright.co.kr, 1800-5455）進行洽詢。（編者註：此指韓國部分，台灣部分可聯繫社團法人中華音樂著作權協會〔www.must.org.tw/index.aspx〕）

與觀眾引起共鳴，可以親切地靠近觀眾的溝通方法

最近有部分連續劇開始以事前製作的形式進行作業，然而韓國連續劇大多不是事前完成製作而是邊拍邊進行節目播出。這種播出型態有時導致觀眾的回應影響連續劇的劇情。某些角色在一開始沒什麼份量，但是因為演員將角色詮釋的非常討喜，所以這個演員的角色份量增加到逼近配角的等級，某些角色又或者跟一開始規劃有所不同的無聲無息的消失了。悲慘的悲劇結尾有時也會突然轉變成皆大歡喜的結局，女主角的先生會從A變成B。觀眾的回應反轉編劇一開始的想法與故事脈絡，甚至換掉了預先勾勒好的結局。這也意味著相較於作品的完成度與主題，現在已經是觀眾反應當道的時代了。

但是無線電視台面對迅速應對觀眾的需求總是有其限制存在的。這就如同裝著滿滿貨物的大卡車要迅速轉變方向必然就會有風險是同樣的道理。一個節目需要投資諸多人力、物質等資本，因此如果在收視率層面上沒有信心，不覺得這是大眾性的素材就根本不會開始規劃節目。

朴明洙先生不行，但白宗元先生卻可以的理由

最近的十歲左右的小孩不在客廳與家人一起看電視，而是躲在自己房間裡看YouTube，這不是因為叛逆期賀爾蒙作祟的緣故，那是因為電視裡沒有他們想要看的節目。還有一個被電視排擠的觀眾群。如果觀眾的興趣不是釣魚、打高爾夫球，那麼這些人在無線電視台就沒有可以看的節目了。幾乎所有的電視頻道都在播出同樣的新聞，同樣的音樂與電影，節目的格式都大同小異，而演出的藝人也都差不多。

在這種大環境下產生的備案就是一人媒體。一人媒體塊頭小所以腳步輕快，也容易改變方向。從企劃、拍攝、剪輯都可以一人進行，就算是好幾個團隊同時運作也是一樣的。一人媒體決定事情的過程簡單，投資的時間、人力、資本都少，所以可以以相較輕鬆的流程製作出任何一種內容。

再怎麼稀有的興趣，如果在YouTube進行檢索，我想就一定可以找出至少一個以上符合自己口味的內容。一人媒體並不忽視少數觀眾。一人媒體可謂是處理著世界所有議題與興趣的渠道。沒有比一人媒體更適合應對觀眾期盼多樣選擇這份趨勢的媒體了。

可以將一人媒體親和的特性展露無疑的就是網路直播。如果說電視節目是單向的內容，那麼網路直播則是創作者與觀眾一起製作的雙向的內容。我並不會在播出節目之前預先玩節目中預計播出的遊戲，原因是我希望能將自己第一次玩遊戲時的生動如實呈現出來。觀眾會在我玩遊戲的時候透過聊天視窗跟我進行溝通。

「請你往回走，那裡好像有武器。」

「請進入左邊的房間，有點好奇那裡會有什麼。」

如果我依照觀眾的建議往回走獲得武器，或者進入左邊的房間時，觀眾就會感受到在無線電視台無法感受到的溝通的快感。大圖書館不是完美且熟練的遊戲玩家，而是觀眾加入其中，與觀眾一起完成遊戲的玩家。當我每次挑戰遊戲的時候，觀眾們會強烈投入在節目中，透過留言給予各種指導，有時也會為我加油。創作者與觀眾像這樣進行溝通一起完成的東西就是一人媒體。

透過在MBC的〈我的小電視〉（以下簡稱「我小電」）裡朴明洙先生與白宗元先生的範例就可以知道一人媒體的核心是溝通。朴明洙先生在節目時間一直忙碌於展現自己播放音樂（DJing）的能力，幾乎不跟觀眾進行溝通。無論觀眾說什麼都沒有一絲動搖的努力播放著音樂，然後最終被賦予「微笑陣亡人士」這個不光榮暱稱，壯烈的留下吊車尾的紀錄。

而白宗元先生則是完全相反，他是公認〈我小電〉的絕對強者。他用很普通的材料簡單迅速的完成料理，而他有著鄉土口音的方言給人親切的印象，白宗元先生獨自承受了觀眾的愛戴。然而優質的內容與親切的魅力、有如青山流水般的口才，這些元素無法完整說明他在〈我小電〉可以連續六次獲得第一名的理由。

他可以獲得觀眾爆發性的支持，其真正的理由來自於他卓越的溝通能力。觀眾留言希望多加點糖，那麼他會說「那加一點吧？」然後加一到二湯匙的糖在菜餚裡面，如果觀眾指責說好像加了太多糖，那麼他就會感覺有點慌張小結巴的說「一般家裡不都放這麼多嘛？」然後為自己進行辯解，而這會讓觀眾笑出來。白宗元先生最厲害的是，他可以熟練的一次消化六個螢幕聊天視窗裡一直湧進來的留言，在各種不同聊天視窗之間引導觀眾「即興發揮」，熱絡到觀眾之間彷彿競爭般的搶著留言。

現代人一半是自願一半是非自願的過著寂寞的生活。不想跟別人有太多接觸，但也不想寂寞。現代人在尋找一個可以降低自己暴露程度的情境，並在此情境下與人們舒適進行溝通的方式。以線上閃電聚會與陌生人群吃完一頓飯之後解散，或用手機看新聞報導但一定確認留言，這種行為也是想要感受「雖然是一個人但卻被連結在一起」的感覺。

最能滿足這種現代人心理狀態的就是一人媒體。雖然是一個人看節目，但卻有跟許多人在一起的感覺，可以進行溝通但想要維持一定距離的心情，能夠好好掌握這種距離才能成為溝通的達人。

令人感覺「成為創作者真好」的瞬間

創作者的外部活動開始呈現多樣的形式，所以創作者不只在線上（on-line）接觸粉絲，連在離線（off-line）的狀態也開始有了與粉絲接觸的機會。某次在釜山舉辦過粉絲見面會，有位粉絲坐著輪椅轉乘多次地下鐵跟公車來到現場。那位粉絲說我的直播為他帶來很多的活力，所以想要到現場表達感激之意，但感到更感激的心情的反而是我。

有種感動是在聊天視窗無法感受到的，只有在離線狀態下進行溝通時才能感受到的感動。YumDaeng與我曾經在某次光州舉辦的一人媒體相關活動時舉辦過粉絲簽名會。在豔陽高照的夏天，竟然有多達一千三百名的粉絲為了得到我們的簽名排隊等著我們。我們舒適的坐在布幕下方簽名時，粉絲們在酷暑下排隊等候，當時真的讓我覺得非常抱歉。本來預計只進行一個小時的簽名會，但我們無法就這樣讓久等的粉絲空手而歸。我們在取得主辦單位的諒解後，幫在現場的每一位粉絲進行簽名。為了幫每一位粉絲拍照，那天的粉絲簽名會一下子就過了六個小時，最終圓滿落幕。

一般覺得辦簽名會容易受傷的是手臂，但其實最痛苦的部位是側腰。為了跟粉絲們拍照要把身體側一邊導致了不預期的疼痛部位產生。六小時的長征，當簽名會一結束的時候側腰馬上感受到緊繃，所以有段時間覺得自己的動作很像機器人，但跟與粉絲們面對面的快樂相比，這種痛苦根本不算什麼。

不是每一位藝人都有粉絲團，某些藝人有出眾的才華卻沒有粉絲團。相對的，創作者一定會有粉絲團。最近在高尺洞舉行的「DIA FESTIVAL[3] 2017」竟然聚集了多達四萬名的粉絲們。這已經逼近超級巨星粉絲團的規模。一人媒體的靈魂在於溝通，因為這種特性很自然的形成創作者的粉絲團。

在我的部落格有個地方是專門收藏粉絲們幫我畫的藝術品。每當看著放在那裡的每一張照片時就會嚇一跳。「哇，原來我有這種面向啊？」以及覺得「在粉絲們眼裡的我原來有這種魅力啊？」透過粉絲的藝術品會讓我再次體會到連自己都不知道的只屬於我的魅力，而這些東西在我

---

[3] DIA FESTIVAL 是由 CJ E&M 與 DIA TV 共同主辦的活動。由隸屬於 DIA TV 的 YouTube 創作者聚集在一起舉辦的活動。

進行內容作業的時候為我帶來更多的靈感。這就是所謂與粉絲們一起製作的內容。

觀眾在YouTube剪輯影片的留言也會成為幫助我回顧自己的方式。哪些部分為觀眾帶來共鳴，或者在進行播出時不自覺的犯了錯讓觀眾感受不愉快，這些留言給我可以再次回顧自己的機會。當上傳恐怖遊戲的影片時，有些觀眾會刻意留言提醒我若是有無法看恐部影片的觀眾，那麼該特別注意哪一段。

一人媒體的觀眾與創作者進行溝通時可能會覺得開心，但創作者也從與粉絲們的溝通得到龐大的喜悅與安慰。因為有直播聊天視窗，在剪輯影片的留言，在粉絲簽名會，在演講活動時向我敞開心胸的粉絲們，創作者大圖書館今天也覺得活力滿滿。

想要成為願意溝通的創作者，那請謹記五點

如果讓我跟粉絲們聊天，那麼不用說一天一小時，就算是聊二十四小時，我也有信心可以跟觀眾愉快的聊天。因此我想於此公開我與觀眾的溝通秘訣。這不是在刻意規劃的情境下發生的行為，但回頭看，我想自己總是將以下五件事情銘記在心。

1. 創作者的禮儀塑造觀眾的禮儀

當我在AfreecaTV當直播主的時候，我的聊天視窗就因為沒有謾罵、批評、黃色笑話、厭惡的發言而出名。直到那個時候為止，可以讓聊天視窗維持這麼健康狀態是非常罕見的。縱使聚集數百、數千，或者更多達一萬多名的觀眾，卻幾乎沒有出現令人皺眉頭的留言，這件事實真的是令人感到驚訝。

維持清靜聊天視窗的秘訣簡單到令人感到意外。從身為主持人的我開始遠離刺激性的話語就可以了。然而我在進行節目時的語言水平也不是優質到新聞主播的等級，有時也會使用流行的俚語，感覺很好（？）時也會做出十九禁的發言。如果連這種程度都不可以做，那麼這不是遊戲節目而是變成〈News Room〉（韓國JTBC有線電台的新聞節目）了。然而我總是謹慎小心別讓我的發言為某人帶來厭惡、不愉快、羞恥等的感覺。有趣再怎麼重要，但我個人的原則就是不要放掉最低限度的品味。

與觀眾好好溝通與為了迎合觀眾而被觀眾左右是不同的。在進行播出時站在領導地位的是創作者而不是觀眾。創作者要明確規範好自己節目的個性，要守住界線，那麼觀眾自然就會跟著創作者的腳步走。

跟觀眾聊天但不會感到疲累的原因之一，是因為我幾乎不會從聊天視窗獲得負面影響。再怎麼自詡有著鋼鐵意志的人，持續看著充滿謾罵與黃色笑話，有著令人感到厭惡發言的聊天視窗，溝通也會變成很困難的事情了。所以從創作者開始就要產生變化。有禮儀的節目就會聚集有禮儀的觀眾。

2. 觀眾知道什麼是假的，溝通時請真誠

我在正式開始進行遊戲節目時會花差不多一個小時跟觀眾聊天。會跟觀眾聊當天發生過什麼事情，會回答觀眾的問題，如果有人申請諮商，那麼我會傾聽並與觀眾一起思考，這樣一個小時一眨眼就過去了。

依照觀眾的描述，他們喜歡我不會說好高騖遠的話，也不會給予像是教科書一樣的建議。我的觀眾們年齡層介於十七至三十歲，所以大多會苦惱未來出路與就業的問題。我不知道自己是不是真的喜歡這件事情，我覺得目前讀的科系好像不太適合我，我討厭只知道叫我讀書的父母，我不想當公務員但父母卻一直強迫我……。

也有很多是關於人際關係的苦惱。不知道該怎麼靠近自己喜歡的人，覺得應對進退非常困難，不太能跟新認識的人相處，並覺得這樣的自己很窩囊……。

我也有過不讀書只知道玩電動的學生時代，只有表象是重考生但事實是米蟲的時期。有在覺得我無藥可救的親戚們面前連頭都抬不起來的時期，因為填不滿履歷表的資歷覺得茫然，用不知道該怎麼辦的心情寫著自我介紹信的時期。我回想著過去就能完全同理觀眾的煩惱。

「父母親希望你當公務員啊！大家一定要多體諒。請各位試想一下自己在培養遊戲角色的時候，對角色有熱情就會希望可以用最安全的方法養育角色。有些人想要提升經驗值那當然會讓角色去冒險，但大多還是會選擇安全的方法。我想父母親的心情應該也是這樣的吧！他們覺得在眼下這種時代當公務員是最安全最可靠的路，所以才會那樣，所以啊！為了讓父母親可以信任你們，把自己想要做的事情整理好然後向父母親進行簡報，請以這種方式說服父母親。」

「我想每個人都會有在別人面前感到萎縮的時候。最近看SNS就覺得除了我之外，每個人好像都過的很好。常看那個就會覺得我是世界上過得最不好的人，因為連我也常有這種感覺。我們看別人的人生彷彿是在看〈出發！電影旅行〉（註：韓國介紹電影的節目），縱使是枯燥的影片，經過剪輯後就會變得好像很有趣，所以請不要因為看到那個就感到萎縮。」

「請一定不要放棄上大學。對，我沒上大學。所以你可能會覺得『不過你不是過得很好嗎？』但我非常後悔當初沒上大學。就算是現在也有想重新回去讀書大學的心情，因為大學不是單純讀書，大學其實可以算是某種社群。職場社群幾乎是利益導向但大學卻不是，在大學會以單純的心情一起計畫做某件事情，所以大學可謂是最後一個可以接觸到優質社群的機會。」

我不會向觀眾說出迎合觀眾心情的忠告。我不會說出不要擔心，只要努力就一定會順利，這種對方根本聽不進去的話。只要我說出敷衍的話，縱使年紀小我很多的觀眾也會一眼識破。如果不是真心誠意，那麼縱使只有一位觀眾，也無法與那一位觀眾進行溝通。

我想要成為觀眾的鄰居哥哥，或者像是住在同一個社區的叔叔。不是那種穿著鬆垮運動服、頭髮油油的，在社區晃來晃去的哥哥，而像是最近那種混得好的社區哥哥的感覺。親切又令人值得信賴，就只要能做到這種程度就好了，我想要成為擁有這種存在感的人。

3. 搞笑與吐嘈，引導角色劇

有很多人問我可以在聊天視窗花一個小時不間斷聊天的秘訣是什麼。這當然不是容易的事情，可以跟觀眾開心聊天的秘訣就是「搞笑（ボケ）與吐嘈（突っ込み）」。

日本的獨角喜劇（Stand-up comedy）大多以搞笑與吐嘈的形式進行。搞笑是以無厘頭或者做出像傻子一樣言行的角色，那麼吐嘈就是負責損搞笑的人的角色。這兩個人形成一組配合默契絕佳時就會引發歡笑。

當跟觀眾溝通時，我有時成為搞笑人，有時卻又引導出自己吐嘈觀眾的情境。我主要扮演的當然是被吐嘈的角色。如果我吹牛試著做出馬上就會被拆穿的事情，那麼觀眾就會吐嘈我，享受著損我的樂趣。舉例來說的話——

大圖書館：在面試時要用一分鐘進行自我介紹嗎？若是我的話整個很ＯＫ喔？我來試試看吧！（豪邁的站起來）你好，我是大圖書館。（瞳孔差不多晃動五秒左右）我是……（又花五秒等大腦開機）我喜歡遊戲……（嘴巴覺得很乾）閱讀……啊！真的不行了！（結果放棄跌入椅子裡）

觀眾一：剛還以為是發生延遲（ＬＡＧ）。

觀眾二：是，您被淘汰了！

觀眾三：啊！不要弄啦！真是，為什麼是我們感到害羞呢？

有時也會換變換角色，我變成那個吐嘈的人。當然這時要維持住適度的界線注意不要讓觀眾覺得受傷。

新手主持人為了與觀眾進行溝通預先準備很多話題。如果聊天想超過一個小時，那麼準備工作就不是鬧著玩的。創作者如果以這樣的作業方式去聊天，那麼可能可以撐個一兩個月，但最終就會見底。這是無法持續，也不是真正的溝通方式。觀眾無法從只顧著講自己的主持人身上感受到魅力。

直播主要懂得說自己的事情，但也要懂得營造出可以讓觀眾盡情聊天的情境。如果苦思該怎麼營造與觀眾之間進行你來我往的互動，可以不停歇聊天的情境，那麼建議可以靈活運用搞笑與吐嘈的角色劇。

4. 年齡差距，代溝並不意味著無法溝通

不知不覺就過了四十歲。可能因為這樣吧，很多人會問我「那個年紀還有辦法跟十幾歲的人溝通嗎?」的問題，會問這種問題就表示不瞭解我。依照YumDaeng的說法，她說我的精神世界與十幾歲的人沒有太大的差距。也是啦！如果問我明天馬上會死而現在想做什麼的話，那麼在大韓民國會回答想要玩遊戲直到死掉的四十幾歲的人應該是不多的。

大圖書館TV的主觀眾群年齡層介於十七至三十歲。無論我是一個再怎麼無厘頭的四十歲，但終究是有代溝的。但是我不會因為跟不上年輕人而感到疲倦。我也不會為了理解他們的流

行語或生活風格而對自己施加壓力，反而會自然放置讓代溝被呈現出來。當我哼著已經過時的流行歌曲或者講著很貧困的過往時，觀眾還會開心的虧我是「古早人」。

最近人氣扶搖直上的當紅美妝創作者朴莫萊（音譯）女士的Grandma Makeup也是相同的脈絡。奶奶並不會刻意克服龐大的代溝。像是在推出「最近孩子們的彩妝」、「跟會彩妝」等內容時還會刻意強調創作者與觀眾之間的代溝，並且以這個為媒介引發出笑點。新世代會對奶奶的內容感到著迷，是因為奶奶可以守住自己時代的價值同時也認同著年輕的世代，奶奶這份敞開的心胸讓年輕人無法自拔的陷進奶奶的彩妝頻道裡。

我的年紀比觀眾大很多，但我並不覺得自己比他們懂更多，也不覺得自己是更好的人。因此也沒有覺得要教導或者引領對方的想法。因為我非常清楚如果有這種想法的瞬間，自己就會變成無法溝通的大叔。觀眾面對著近乎大叔輩的我卻可以像面對朋友那樣敞開心胸，那是因為觀眾知道我也把我的心敞開來面對觀眾。

創作者與觀眾之間的年紀差距並不是議題。關鍵在於創作者面對不同世代的觀眾時是多麼敞開，也因為這份敞開維持著多麼年輕有活力的感覺。

從這個意義來看，我想要做這份直播的工作直到被稱為是「一人媒體的宋海[4]」。我的夢想是成為一個可以跟粉絲們一起變老的創作者。

5. 觀眾並不是總是對的

其實跟觀眾溝通不總是令人感到快樂的。我的聊天視窗雖然是鮮少產生謾罵與令人感到厭惡，是所謂的「清靜區域」，但偶爾還是會出現讓人很難不在意的惡意留言。我的個性不會隨著別人的評論搖擺，也不會把壞事一直放在心裡，所以不會因為惡意留言而深受打擊，但是如果有創作者個性不像我這樣，如果創作者的個性單純又想試著跟觀眾溝通時，反而容易受到傷害。或許在不自覺的時候會被像是「世上所有人都討厭我」，「我無論做什麼都會被討厭」這種根本沒有任何依據的想法套牢，然後把所有事情都歸咎到自己身上，覺得都是自己的錯。

剛踏入一人媒體的新手容易把跟觀眾的溝通看得太過重要，所以覺得只要是觀眾的意見就一定要照單全收。然而觀眾也不是總是是對的。觀眾擁有再怎麼卓越的洞悉與分析能力，也不會像我這樣長久死抓著內容考慮多種事情。固然要尊重觀眾的意見，然而也需要守住身為創作者的堅持。頻道特色、主要企劃、目標年齡層、想要傳遞的訊息等，這些都是不可以被動搖的事情。

跟觀眾進行溝通與被觀眾動搖，這儼然是兩件不同的事情。要用敞開的心胸接受觀眾的意見，但必須要好好判斷這是為了我的忠告，還是屬於傷害我的毀謗。

首先需要承認不可能讓世界所有的人都喜歡我。沒有人只得到愛而不被苛責的。無論我做什麼都有可能產生被人苛責的時候，只要能夠承認這個事實，那麼心裡就會稍微感到平安，一人創作者跟一般人比較之下的確容易被批評，然而也相對容易被愛。不要忘記有更多為自己加油打氣的觀眾，然後默默的往前走吧。那就是面對惡意留言最好的方法。

4 宋海，一九二七年生，現年九十一歲，歌手以及媒體人。從一九八八年五月開始主持〈全國歌唱比賽節目〉至今，並宣布會一直主持到難以站立在舞台上。

挑戰，然而直播依舊是有魅力的

我透過這本書持續不斷強調，建議新手先從剪輯節目而不是直播開始，如此強調這一點的最大理由是因為進行直播真的很困難。獨自面對著數千人的觀眾說三到四小時的話，這是一件比想像中更困難的事情。有些時候固然可以邀請嘉賓來節目，然而大部分的時間依舊需要獨自並且完整的負責填滿直播時間。那麼就需要具備口條、主持能力，以及熟練的將準備好的內容發揮出來的能力。然而沒有經過訓練的話，幾乎沒有人可以從一開始就具備這所有的能力，並在進行直播時發揮這些事情。

我不推薦新手進行直播的第二個理由是因為即時溝通並不總是愉快。新手主持人並不熟悉如何管理聊天視窗，所以有時會被惡意留言者纏住，那麼心情就會像舊衣服一樣變得破破爛爛的，然後導致心情受傷的情形。有時甚至連我也會有發生那種很難維持平常心的情境。如果是根本不像話的人身攻擊反而容易一笑置之，但有些微妙的會牽動神經的留言就很難以令人忘懷。像是反覆一直寫著與現在說的故事相差甚遠的留言，或者一直反覆上傳沒有意義的話，那麼連我都會不自覺因為被干擾而分心，然後影響到節目的主持。連有十年經驗的我都這樣，那就可以想像新手會有多困難了。

每當看到無所畏懼的挑戰直播的新手們就會令我難掩擔心的心情。雖然不是所有的挑戰者都抱持著這種心情，但某些人將直播看的太簡單了。如果覺得就這樣出現在節目展現自己的魅力，然後得到打賞金就可以的那種直播主，或許對這些直播主而言進行直播可能真的不是什麼大事，是一件容易的事情。我也聽說過在八大行業工作的人偶爾將直播當成輕鬆賺取金錢的方式。

新手一人媒體在開始直播前需要知道的事情

錢固然重要，但如果太過執著於金錢到遺失自己的品牌價值就不好了。針對這個部分我會在後面做更仔細的解釋，直播打賞金的九〇%以上是來自於二至五%觀眾的口袋，將自己的收入完全依賴到他們身上不是一件好事，並且這也很難當成是安定的收入來源。一人創作者的形象最終會左右一人媒體的收入。如果自己親自破壞自己的品牌形象，那麼當下好像有賺到錢，但以長遠的角度來看就是損失，請一定要記得這件事情。

如果再提一個直播的限制，就是直播跟國際趨勢呈現逆向的狀態。直播用韓文進行三到四小時的節目，因此很難攻下國外的觀眾。居住在海外的僑胞觀眾當然可以從海外贈送打賞金，然而直播大部分的收入是來自於國內，而大部分的直播主也要對這種情況感到滿足。

在經營YouTube之後讓我感到衝擊的事情是發現了「原來我是井底之蛙」的事實。在進行直播節目的那個時代，竟然不知道原來有個這麼寬廣的海外市場。直播觀眾最多也只是一萬多人，然而剪輯影片則可以衝破一億次的點閱率。井底之蛙是絕對無法理解在總人口數約五千萬名的國家製作出影片，並與全球一億人口分享作品的快感。

縱使如此，我每天晚上進行直播的理由

直播的魅力跟限制都是非常明確的。直播最大的樂趣在於溝通。YouTube直播最大的問題是與觀眾會產生約二十至三十秒的時間差。現在這份落差縮短到二至三秒就可以彼此進行溝通。這樣就彷彿雙方隔著桌子面對面坐著進行溝通的水準。與全國各地的觀眾甚至與海外僑胞等約莫一萬人的觀眾，以近乎即時的方式進行溝通，如果沒有親自體驗過這件事情之前是很難想像這到底是什麼感覺。我的面前連一位觀眾都沒有，但因為我的一句話瞬間湧進觀眾的回應，所以給我彷

佛像是站在獨角喜劇舞台進行表演的感覺。

這種生動的回應將節目的現場感與專注度提升到無限。某一次播出「超難跑馬CLOP遊戲」，遊戲就是讓馬可以不跌倒順利通過斜坡或者窟窿。這個遊戲難度有點高，讓我連續幾天抓著遊戲奮戰著，每當我挑戰失敗聊天視窗裡就會同時出現嘆氣。就這樣過了一個星期，當我終於破關的時候，聊天視窗彷彿國家選手獲得金牌一樣噴出歡呼聲，聊天視窗陷入了狂熱的漩渦。這種超厲害的投入程度與現場感是剪輯節目中無法感受到的，只能在直播中感受到的奧妙。

我每天晚上進行直播的另一個理由是算是訓練自己不要失去主持節目的感覺。總有一天，我抱持著想在網路進行脫口秀的慾望。為了那個時候持續訓練溝通與主持的功力，以及提醒自己不要忘記初衷。

如果是連續幾年上傳剪輯影片然後獲取了固定訂閱觀眾群的人，那麼我會建議對方挑戰直播。跟觀眾溝通的樂趣雖然大，然而形成粉絲團對於培養一人媒體的力量而言，是非常重要的事情。以下為各位介紹只屬於我的老手直播技巧。

1. 一週四次以上，要嚴格遵守時間持續進行播出

網路直播建議一週至少進行四次以上。這樣才可以獲取固定的觀眾群，而主持實力才會提

升。單次播出時間維持在三至四小時是最恰當的。你可能會疑惑要怎麼度過那漫長的時間，然而真的做了就會感覺一眨眼就過一小時了。太太YumDaeng說她在AfreecaTV進行播出的初期，曾經連續進行過九個小時的節目。因為覺得觀眾善意的回應非常新奇又有趣，所以根本不知道累就這樣一直播出節目然後就做了九個小時。一開始的確因為新奇可能發生這種情形，但如果想要持續播出節目，那建議最好不要太逞強。如果節目播出超過四小時以上，那麼主持人累而觀眾也會覺得累。考量到直播大多都從晚上九點開始，那麼為了體貼觀眾也建議不要超過四個小時。

網路直播大多從晚上九到十點開始，因為那個時間段是觀眾最常湧入的時間。晚上九點以後是觀眾結束一天行程，可以悠閒坐在螢幕前的時間。不單是網路直播，連無線電視台的黃金時段也在這個時候。所以或許覺得新手主持人避開這個時間選擇其他時間反而有優勢，然而如果不選擇這個時間段就不會有收視率。這種感覺就好像一間餐廳相較於在比較遠的位置，反而擠在美食餐廳雲集的巷子裡更容易招攬客人一樣，網路直播也需要選擇觀眾比較容易湧入的時間段，這樣才會有優勢。

進行直播節目最重要的事情就是勤樸。像是公告播出時間為「每週星期一、星期三、星期五、星期六上午十點」，那麼就需要在規範好的時間準時開始播出。如果依照主持人的心情一下子做一下子不做，觀眾就不會產生信任的感覺。沒有觀眾會等待不知道今天會不會播出的節目。

2.請不要讓聲音（Audio）產生空白

在廣播節目只要持續八秒沒有出現任何聲音，那麼這就會被定義為是產生節目播出的事故。網路直播雖然難以啟用這麼嚴格的標準，然而要盡最大的努力不要讓聲音產生空白，這樣才能讓觀眾舒適享受節目的播出。

新手最容易犯的錯誤之一就是在節目一開始的時候什麼話都不說。剛開始打開節目時其實沒幾個觀眾。站在主持人的立場可能會覺得「現在差不多十個人，現在就開始節目好像有點那個，等差不多有一百個人左右的時候再開始好了」。然而站在觀眾的立場會怎麼想呢？觀眾依照節目開始的時間準時造訪，但主持人卻什麼話都不說，大眼瞪小眼的杵在那裡，觀眾會覺得無聊然後就離開了。縱使只有一位觀眾，然而時間到了就要開始節目。如果真的沒什麼話可說，那麼請試著打招呼說出類似「你好，謝謝你今天來到節目」，然後聊聊天氣。

為了不要讓聲音產生空白需要不停歇的說話，這其實也是件非常耗費體能的事情。所以在開始直播前好好的吃飯，然後建議在平時努力調整體能狀態。

3.最重要的是與觀眾溝通

在網路直播最重要的事情就是溝通與共鳴。一個再怎麼知識淵博的人只要一週進行四次以上的直播，再怎麼如大海般淵博的知識不到三個月就會整個見底。但是與觀眾溝通，那麼縱使每天作直播也不會缺話題。這種感覺有點像是每天見面的朋友感覺越來越有話題一樣。

新手主持人可能連閱讀聊天視窗都是一件苦差事。有一萬個人同時進行連線，縱使只有這些人數的一〇%會聊天好了，那就是一千個人。請試想一下這麼多的觀眾一次全部一起上傳文字，一開始的時候當然會覺得非常吃力。但是過一段時間，開始對進行直播感到熟悉，就會產生所謂的「動態視力」（dynamic visual acuity，可以迅速認知移動物體的能力）。到了這種程度之後，聊天視窗捲動的速度彷彿KTX（Korea Train eXpress，韓國高速鐵路）也可以從容的讀取訊息，所以不需要感到擔心。

4.小心說話，睡著或醒著都要小心說話

一句無心的話可能會讓某人覺得受傷或者感到不快。某次我在遊戲中扮演過商店主人的角色。一個女性角色拿著商品就跑了，所以我沒什麼的想法說出「阿朱媽（아줌마，在韓文有大

嬸、阿姨、大娘等意味），阿朱媽，別跑！」，有人批判這句話是在貶抑女性，然後這份批判不知怎麼的竟然在網路社群演變成辯論戰。我只是將「阿朱媽」當成是「中年女性」的意思說出來而已，但某人感覺到的卻是有著貶抑女性的感覺，這件事情在當時讓我覺得非常荒唐。後來我查了字典，發現「阿朱媽」是將「阿朱磨妮」（아주머니，在韓文有伯母、阿姨的意思）降一級的稱呼。到了那個時候，我才開始理解觀眾為什麼會有這麼激烈的反應，這個事件讓我徹底的體悟要慎重的使用每一個詞彙。

也常發生在節目說的話被曲解的情形。舉例說遊戲實在太難，所以說了一句「哇，這個遊戲製作人瘋了是不是？」這句話透過數個嘴巴散播出去被曲解，最終傳到製作人的耳朵裡時，有可能就會被傳成「大圖書館在節目中說你是瘋子喔！」

另外尤其需要注意政治性的發言。身為市民的我並非對政治無感，然而在進行著與政治一點關係都沒有的遊戲節目，我相信沒有任何人有權力要求我表明自己的政治立場。不過有些觀眾就會非常執著的咬住這個話題不放，一直逼問我的立場，當時因為覺得很煩丟出一句話，就這樣丟出去的一句話讓我在之後很長一段時間飽受後續旋風的折磨。

藝人在節目犯錯或許可以找藉口說這是腳本或剪輯出問題，有時也可能由經紀公司出面善後。然而創作者的失誤只能自己負責。如果確定是自己的失誤，那麼真心道歉是最好的應對方案。真心反省自己犯下的錯誤，並要展現出為了防止再次犯錯而盡力的態度。這才是專業人士的姿態。任何人都會犯錯，但為了挽回失誤而努力是只有專業人士才做得到的。

5.向惡意留言者發火，那麼會連帶影響其他觀眾感到不自在

會有沒有惡意留言的聊天視窗嗎？我的聊天視窗被稱為是清靜區域，但偶爾也是會有惡意留言的。「好枯燥」、「沒有意思」這種程度已經很紳士了，嚴重的時候會出現做出人身攻擊的留言。超級神奇的是，在數千個留言中唯獨會看到惡意留言。因為非常顯眼所以不只看見還崁入眼睛，我想這才是更精確的描述。然而面對惡意留言時，我不會做出任何回應，因為依照經驗知道面對惡意留言不做出回應才是最好的回應。

曾經有段時間看到惡意留言時曾試著生氣，但很快就知道這只會製造反效果。將惡意留言唸出來生氣不只累到自己，我發現到連無辜的觀眾們也會一起感到不自在。

聽說父母親養育子女時要關注優良的而不是壞的行為。如果父母親只對孩子壞的行為做出回應，當孩子做出好行為時沒有回應，這會導致孩子為了吸引父母親的注意做出更加惡劣的行為。我想惡意留言者或許類似這種情況吧！專挑很壞的話傳上聊天視窗，我想這其中不乏有想要吸引創作者與其他觀眾關心的心態。惡意留言者在人們關注時會更加囂張，所以忽視是最棒的。覺得

實在礙眼就封鎖帳號好了。

如果因為惡意留言覺得太痛苦，那麼請記得兩件事情。第一，不可能讓世界上所有人都喜歡自己，只有二〇％的人喜歡自己，這就已經是令人感到感激的事情了。第二，觀眾的回饋固然重要，但不是絕對正確的。不要被觀眾左右，創作者需要為了不迷失自己而做出努力。

6. 享受直播獨有的突發狀況

沒預料到的突發性即興的狀況才是無線電視台跟不上的網路直播的魅力。某次在進行直播時因為實在太累，所以就說「為了讓身體覺得舒暢我去睡個十分鐘再回來，請各位聽著音樂稍等我一下。」然後我在地板鋪好東西就躺下來了。看著觀眾充滿暖意的留言，說「你看起來很累就好好休息吧！」的留言就這樣睡著了……，我的老天爺，我竟然就這樣睡了一個小時。有趣的是這個「正式睡眠直播」竟然聚集了三千八百名的觀眾，觀眾彼此之間開心的聊著天看我睡覺。這種事情如果發生在無線電視台的直播節目中，那麼我就是犯下超大的錯誤，也會因為這份罪過被解雇。但在網路直播中。這種狀況反而會帶來無法預期的樂趣。

直播的特性導致總是產生突發狀況。這種時候直播主如果感到慌張那就是發生節目事故，然而可以靈巧的應對就能變成展現直播奧妙的機會。越是新手主持人，就越會忙著將自己準備好的事情整個展現出來。請不要依樣畫葫蘆般的將用量尺規畫好的企劃播出來，請保持縱使犯錯也可以保有坦率與從容應對的態度。

7. 請與粉絲們維持距離

在網路直播初期觀眾人數少時，新手主持人常會犯下這種錯誤。因為對少數幾位觀眾感到實在太感激之餘就細心的照顧起每一位觀眾。

「○○○，你今天也來了。謝謝你。」

「□□□，你昨天怎麼沒來啊？身體不舒服嗎？」

你可能會好奇直播主細心問候觀眾這又有什麼問題，但站在觀眾的立場來看可能就不是這麼回事了。直播主如果問觀眾昨天怎麼沒來，是不是有什麼事情，站在觀眾的立場可能會覺得，既然都被關心了以後絕對不可以缺席，也因為這樣可能會覺得有壓力。再說從新加入的觀眾視線來看，也有可能會被看成是直播主與少數觀眾聚會的風險。

我在進行網路直播的新手時期，也以為跟觀眾親近拉近距離是所謂的溝通。但是進行幾次直播後發現不是這麼回事。主持人與觀眾之間需要維持一定的距離，觀眾們之間也是如此。觀眾之間彼此溝通彼此產生共鳴固然好，然而發展到更親近的關係然後到了可以彼此不說敬語的程度，那麼從那時開始，這裡就不是網路直播聊天視窗而是聯誼感情的親睦會視窗。如果整個情況發展到這種局面，新進入直播的觀眾容易產生被忽略的感覺，接著感到無法適應。所以我直到現在都會反覆請求觀眾們不要在聊天視窗形成群組進行聯誼。

我當初沒有另外聘用聊天視窗經紀人也是出於相同的理由。在AfreecaTV做直播的時候，絕大多數的直播主們在聊天視窗都有經紀人。聊天視窗經紀人擔負刪除惡意留言者的文字、封鎖帳號，管理聊天視窗環境的工作，而大多由直播主的熱血粉絲或大方贈送打賞金的觀眾扮演這個角色。

不過經過觀察，發現聊天視窗經紀人反而是那個容易造成紛爭的人物。部分聊天視窗經紀人，因為與直播主之間有交情，濫用可以將某人從聊天視窗驅逐的權限，只是因為自己不喜歡所以將不是惡意留言者的某人封鎖等，犯下各種不太好的事情。這也是因為直播主沒能跟扮演聊天視窗經紀人的觀眾維持適當的距離才發生這種事情。

最惡劣的情形是，直播主試著以私人身份親自聯繫觀眾。進行直播就會形成或大或小的粉絲群。不過部分直播主濫用粉絲群對直播主的喜歡，試圖與粉絲有性方面的接觸，或者竊取金錢等，偶爾會發生這種犯罪行為。與觀眾進行溝通跟相處沒有隔閡，不可以將這兩件事情混為一談。可以透過直播向觀眾公開自己一部分的私生活，也可以在離線粉絲見面會與觀眾見面，但就只到這裡為止。一定要將觀眾當成觀眾。

收入，答案不是打賞金而是廣告

一人媒體透過打賞金與廣告產生收入。打賞金就是在直播過程中觀眾親自送給創作者的，某種類似支持創作的基金。AfreecaTV的「氣球」，YouTube直播的「Super Chat」，KakaoTalk（韓國市佔率最高的通訊軟體）TV的「Cookie」都算是打賞金。影片平台業者會扣除一〇%至四〇%不等的手續費，所以每當觀眾送出一千韓圜的打賞金時，那麼創作者實際收到的金額是約六百韓圜。

有趣的是會收到全球不同貨幣的打賞金。直播因為語言問題很難拓展到海外，但有很多僑胞在看直播，所以有時會進來日圓、歐元、美金、英鎊、澳幣等外幣。等於是坐在家裡的房間就能賺取外匯。

直播打賞金，若你覺得這是容易賺的錢就等著倒大楣

我在AfreecaTV進行播出的時期是曾經得過「內容大獎」的高人氣直播主，但收入卻不怎麼樣。進入AfreecaTV開始進行直播的第一個月獲得總共六十萬韓寰的收入，下個月開始達到兩百萬韓寰的水準。跟用一巴掌的米撐過三天的多音TV Pot時期比較起來，兩百萬韓寰可謂是非常龐大的數字，然而當時有許多收入破億的直播主們，所以跟這些人比較起來我的收入總是脫離一百名之外。我的氣球收入如此低迷的理由是，我不會像某些直播主們鼓勵粉絲送氣球，反而會試圖挽留。

「各位，不送氣球也沒關係。我以後會針對企業賺錢！我不會對送氣球的觀眾給予特別照顧，所以請不要送氣球。」

向送氣球的觀眾只是以簡短的「謝謝」致謝以此當作打招呼，如果覺得這種打招呼的行為會影響到節目播出那麼連這都沒有做。我知道該怎麼做才能獲得大量的氣球。某些直播主甚至在沒有內容的情形下，只在觀眾贈送氣球時做出回應，並以這種方式進行著節目播出。有些直播主督促觀眾贈送氣球，然後也會依照贈送氣球觀眾所要求的事情進行回應。觀眾希望唱歌就唱歌，希望喝醬油就喝醬油，有些時候會要求更過份的事情。如果是外貌長的好又有魅力的直播主們，那

麼就在沒有特殊內容的情形下，單單透過向送氣球的觀眾進行回應，滿足送氣球觀眾的需求，並以這種方式輕鬆賺取金錢。

考量到我的觀眾人數平均在六千至七千人次，多的時候也會達到一萬名的話，只要我有心就可以賺到很多的錢。然而我沒有貪心是因為三個理由。

第一，錢不是最優先的目的。我是將網路直播當成個人品牌的一環開始進行直播。相較於錢，我更關心自己能不能做好節目，觀眾看我的節目時會感到開心嗎?對我來說自己身為一人品牌的成功才是更重要的。

創作者眷戀打賞金，那麼自然就會將焦點集中在贈送氣球的觀眾。在AfreecaTV的部分直播主們實際上會稱大方贈送氣球的觀眾為「會長」，然後以非常恭敬的態度對待這種觀眾。被稱為「會長」的觀眾會對直播主們下指令要求「唱首歌吧！」「跳個舞吧！」等，那麼節目就會被左右搖擺，會長也會驅逐不順自己心意的觀眾，在某直播節目裡就會逕自跟自己熟識的人們形成一股勢力並炫耀這股勢力。

發生這種狀況的時候，直播主只能柔順的配合著擾亂聊天視窗然後左右自己節目播出的「會長」。這是因為屬於整體觀眾二至三%的「會長們」竟然送出九〇%的打賞金之故。在這種結構下如果讓「會長們」心情不好那就會產生非常大的打擊。某次一位大手「會長」因為變心換到其他直播主的直播，為了這個事情讓直播主之間產生非常大的爭執。

我不眷戀氣球的第二個理由是為了改變這個生態系的形象。我想至少可以由我為一個開始，表現出端正的行為，因為這樣多少可以扭轉形象。縱使只是我一個人，然而如果可以愉快的播出節目並以此受到觀眾的喜愛，那麼這樣說不定對改善一人媒體的形象有幫助，成為一個對日後想要挑戰一人媒體人們的好範例。

當時的網路直播不是B級，而是C級的形象。為了打賞金就不管前後進行著既煽情又刺激的，讓人覺得不愉快的節目。曾經也發生過與氣球打賞金相關的不好的事情。某位經理與職員為了向自己喜歡的直播主贈送氣球，所以挪用了公司的公款。YumDaeng也在AfreecaTV做直播主的時期經歷過荒唐的事情。某位國小觀眾用媽媽的信用卡送出了約兩百萬韓寰的氣球。YumDaeng後來從孩子的父母親那裡知道這件事情之後就把打賞金全額還回去了。

第三個理由是，我將重心放在廣告收入而不是打賞金。網路直播的收入大多依存於打賞金，然而有時也可以透過橫幅廣告（Banner Advertisement）獲得收入。不過當時網路直播的形象不好所以進來的廣告大多是五人以下小公司的廣告，或是關於賭博、色情相關的廣告。這種廣告的收入很少，再說也不符合我的節目形象，所以我連一次都沒貼過這些廣告。

我的目標市場是YouTube廣告。當時在海外就有不少創作者透過YouTube影片獲得非常龐大的收入。我國尚未導入YouTube商務模式，然而我在當時就預期不是用龐大媒體，而是一人媒體以個人身份拍攝剪輯好內容之後，接著以此就可以提升廣告收入。我當時因為預期著這種廣告時代即將到來，所以不需要眷戀於氣球。當初開始網路直播也是為了在那個機會來臨之前測試自己的力量。

近期在進行YouTube直播的我也幾乎不接受SuperChat打賞金。因為廣告收入就已經足夠了。我並不認為打賞金是不好的，這算是某種雲端集資（Cloudfunding）也算是創作基金，從這個層面來看的確是正向的。然而，當大部分的收入是依存在某特定少數觀眾的打賞金時，則需要戒備可能產生的副作用。

再一次的強調，建議一人媒體的新手先挑戰剪輯節目而不是直播，如果進行直播也建議不要太依賴打賞金。開始眷戀於打賞金的瞬間，節目就會因為被贈送氣球的觀眾左右，這樣節目就開始走鐘了。

提升廣告收入的秘訣就是持續上傳優質的內容

一人媒體大圖書館的收入大多從廣告而來。在二〇一二年YouTube於韓國導入個人收入化模式後，我的YouTube純廣告收入，持續呈現上升的趨勢，現在則是達到每個月四千萬韓寰（約一百萬台幣）的規模。

從YouTube廣告收入一開始超過月收入四百萬韓寰（約十萬台幣）的時間點開始，我就到處宣傳透過在YouTube上傳影片就可以獲得收入。人們需要知道YouTube可以賺錢才會讓更多的人群湧進來，市場才會擴張。我在tvN〈康容碩美味的19〉（暫譯）[5]擔任嘉賓時公開了我在YouTube月收入達到一千三百萬韓寰（約三十五萬台幣）的事實，一開始覺得半信半疑的人也開始湧入YouTube。

二〇一七年的影片廣告市場規模是五千五百億韓寰（約一千五百萬台幣），而二〇一八年預期會比這個增加一千億韓寰（約二百七十萬台幣）。廣告市場變大，YouTube創作者的成長趨勢也會變得明確。二〇一八年二月訂閱觀眾人數達到一百萬人次的頻道竟然多達八十四個。產生了

[5] 康容碩，韓國的律師與政治人，曾經擔任第十八代國會議員。

好幾位一年可以透過廣告收入達到年收入數十億的一人創作者。有鑑於這種大趨勢，很多人開始想要挑戰YouTube平台的可能性，然而這些人好像只是茫然的想著「想透過YouTube賺點錢」，卻沒明確想好在哪裡獲得收入。因此我想趁這個機會試著把YouTube廣告收入解釋的更仔細一點。

1. YouTube廣告

創作者如果想在自己的內容開啟廣告機制，那麼要先向谷歌簽署〈YouTube合作伙伴計畫條款〉，接著申請使用AdSense，再接著設定營利偏好。為了要讓這個申請步驟獲得核准則需要具備兩個條件。在過去十二個月之間要有總共四千小時以上的收看時間，而訂閱觀眾人數需要超過一千名。有些YouTuber把「收看時間」想成是影片的時間長度而啞然失色。因為他們覺得要在何年何月才能完成四千小時影片的製作。然而「收看時間」並非意味著YouTuber上傳影片的影片長度，而是觀眾在我的頻道觀看影片時間的總和。創作者上傳了長度約五分鐘的影片，而觀眾平均看了三分鐘，那麼點閱次數要有約八萬次，這樣就可以達到收看時間四千小時的目標。

要能滿足這些條件申請才會被核准，得到核准之後谷歌的廣告開始在創作者的內容進行曝光，然後產生廣告收入。站在觀眾的立場可能覺得廣告有點煩人，因此YouTube與廣告主會非常慎重的曝光這些廣告。谷歌大數據會分析觀眾的性別、年紀、興趣、位置、使用機器、使用時間、呼應廣告程度、最後就是觀眾收看廣告影片的時間等，將這些全部分析過後，在最恰當的時間點曝光可能最適合觀眾的廣告。

在同意合作伙伴條款，申請使用AdSense獲得核准後，創作者可以選擇在自己的內容曝光什麼類型的廣告。廣告類型以大分類來看可以被分為五種。被曝光的機器與廣告單價、特色都不太一樣，所以需要慎重進行評估然後選擇對自己最有優勢的廣告類型。

- **多媒體廣告：**顯示位置為精選影片右側的位置，只能在電腦上看。觀眾觀看廣告或者點擊廣告就會產生收入。這種廣告類型不會干擾觀眾，觀眾感覺到的抗拒感比較少，所以我選擇這種類型。
- **橫幅廣告（Banner Advertisement）：**顯示在內容底部，並只能在電腦觀看。點擊橫幅看完整的廣告才會產生廣告收入。廣告單價低，再說橫幅對於觀眾看內容字幕與影片產生干擾，所以我沒選擇這種類型。
- **五秒後可略過的影片廣告：**這種廣告出現在內容前或後，或者被插入在內容中間。廣告長度約二到三分鐘，有的甚至會有五分鐘的長度，觀眾觀看超過三十秒以上（依照廣告主的設定，有些廣告需要看到廣告結束）才會產生廣告收入。這是YouTuber最常設定的廣告類型。我在剪輯節目開始與直播中間插入這種類型的廣告。

- **不可略過的廣告：**觀眾需要看完十五至三十秒長度的廣告才能觀看內容。這種廣告的單價最高，然而也有觀眾不想等廣告結束會直接離開，所以大多都不會選這種類型。
- **影片前串場廣告：**這種類型雖然屬於不可略過的廣告，但長度約六秒而已，所以不會造成觀眾的負擔。這是廣告主近期最喜歡的類型。

為了提升YouTube的廣告收入，只專注在點閱次數是不可以的。最近謠傳說單一一次點閱率會有一韓圜的廣告收入，所以開始產生以大賺一次的心態製作刺激性影片的情形。點閱率高當然可能提升收入，然而這兩者之間的關係並不是絕對正比，因為廣告價格會因為各種理由而有所浮動。舉例說內容依照被消費的國家影響廣告的價格。假設韓國的廣告價格是一，那麼日本是三至四，美國則達到七至八。頻道A與頻道B的點閱次數相同，然而頻道A在國內，頻道B在美國進行主要的消費，那麼頻道B的廣告收入當然是比較多的。

內容內容與目標年齡層也是影響廣告收入的重要元素。兒童頻道影片屬於觀看時間長，所謂語言限制比較低的頻道，所以針對幼兒為對象的廣告在兒童內容曝光機率就比較高，然而廣告的價格卻相對比較低。相較之下，以有比較高購買能力的二十至三十歲女性為對象進行的購物、美妝頻道，出現在這裡的廣告價格就比較高。這種頻道的點閱率次數雖然不及兒童頻道，但是卻可以獲得更多的廣告收入。

實際上在YouTube最重視的指標是「收看時間」。依照收看時間與訂閱觀眾人數、點閱次數等多樣的指標判斷影片的等級，然後再決定要不要在這些影片放入廣告。這些指標如果表現優秀就會提高放入昂貴廣告的機率。谷歌廣告系統的運作非常精細並複雜，所以很難說到底要經營什麼樣的頻道才能提高廣告收入。只是有一件事情是確定的，那就是與其為了提升點閱率而上傳刺激性的內容，不如持續經營可以維持高忠誠度的頻道。

2.品牌廣告

訂閱觀眾人數多的、安定的頻道，如果頻道規模經營到一個規模的時候就會發生跟YouTube廣告系統無關的，會由企業親自接觸一人創作者，或者透過MCN提議進行品牌廣告的情況。企業提議進行品牌廣告的基準是頻道知名度，即是訂閱觀眾的人數。簡單講就是訂閱觀眾的人數多才有機會接到高價的品牌廣告。知名一人創作者的品牌廣告收入比YouTube廣告收入更大，所以不間斷的擴張訂閱觀眾人數就是可以極大化廣告收入的方法。

代表性的品牌廣告範例就是PPL（Product Placement，置入性行銷）。這種類型的廣告是在節目播出的時候自然曝光產品，或者提及該產品的廣告形式。廣告價格不算高並會依照訂閱觀眾的人數有所變化。有一次YumDaeng在直播時使用了自己平常習慣用的化妝品（那次不是PPL），當時就引起觀眾龐大的關注，甚至讓賣那個化妝品的購物網站幾近當機。一人創作者如果進行PPL，那麼會給人比較不一樣的感覺，讓人覺得我認識的人親自使用了某種產品然後進行推薦的感覺。這就是一人創作者進行PPL廣告的威力。

品牌廣告中價格最高的是品牌置入內容（Branded Content）。這種類型的廣告是一人創作者接受廣告主的委託，統籌從企劃開始到製作、剪輯、分銷等負責所有過程的廣告類型。在一人媒體草創期時，廣告主就已經試圖嘗試運用創作者進行廣告，然而在草創時期因為諸多的不理解，合作過程中產生了一些混亂。廣告主將創作者想成是明星藝人並想將創作者當成是模特兒，而身為品牌置入內容第一世代的我卻反對了這種形式。創作者的影響力與藝人是不同的。我們如果像藝人一樣以模特兒身份出現在廣告，就不會帶來強勁的衝擊力。然而，我說服廣告主與MCN，由創作者進行企劃就可以製作出完全不同的廣告。

廣告製作費用也會依照創作者的能力而有所差距。以我的例子來說，我等於是一人媒體的最高等級，所以每部廣告可以得到約三千萬到五千萬韓寰的費用。扣除MCN以及廣告經紀公司的費用，將剩下的費用投資多少進廣告就是創作者自己的決定。我對廣告的完成度是貪心的，所以投資了約一千萬到一千五百萬韓圜左右的資金。創作者製作的廣告完成度太高也會讓觀眾覺得有壓力，相對從企業立場來看如果廣告完成度低，則會覺得有可能傷害到企業的品味。要怎麼在這兩者之間找到平衡點則是創作者的能力了。

雖需要與廣告主協調廣告企劃並進行討論，然而廣告主會給予創作者最大限度的尊重，創作者試著在有趣的內容裡以最自然的方式將核心內容自然呈現出廣告主想要呈現的內容。啤酒廣告以古代劇的形式，印表機廣告則是以綜藝實境秀的方式詮釋出來，關鍵是讓觀眾可以同時享受內容與故事情節，在沒有任何感到抗拒的情境下接受廣告。

製作廣告時雖然將錄影、彩妝、配角演員部分進行委外，然而企劃、腳本、主角演出則是由我親自進行。連剪輯也在Uncle大圖進行。因為剪輯才是將廣告企劃的核心元素展現出來的重要作業，所以這個部分會在內部進行。有些時候會被問「我的頻道明明有很多訂閱觀眾，可是為什麼沒有品牌置入內容的委託呢？」這種時候我會建議創作者可以以廣告主的視線檢測自己的內容。請試著觀察自己的內容是否是廣告主可以感到滿足且具備高完整度的影片，是否製作出可以讓觀眾感到信賴的影片。如果答案是「不是」，那麼我建議從現在開始製作出可以證明自己擁有這種能力的內容。

3.媒體商務（media commerce）

有些人乾脆將自己的YouTube頻道當成銷售產品的通路，並以此創造收入，就可以想成把電視購物頻道完整的搬到YouTube就可以了。我也曾經在大圖書館TV親自銷售過產品。當時的目的是為了支持中小企業而進行了這種挑戰，而播出的形式不是像電視購物一樣進行比較定型的播出，而是將電視購物與綜藝接軌，記得當時播出時覺得很開心，而且觀眾反應很不錯所以有部分產品被賣光的紀錄。然而我不覺得我會常做這種專案。我當時的判斷是覺得如果在頻道親自銷售起產品，那麼也會有讓觀眾感到抗拒的風險。

結論就是，想賺錢就要製作好的影片

連續幾天，因為刺激性的影片被上傳到YouTube而引起了紛亂。國外知名YouTuber竟然實際拍攝屍體並將其製作成影片上傳到YouTube，不然就是製作有著貶抑女性或歧視某種族內容的影片進行分銷。因為這些事情導致觀眾對YouTube剪輯影片感到擔憂，而這些擔憂的聲音有越變越多的感覺。

我的立場是「最後會由資本主義解決這件事情」，也就是說資本主義的邏輯也會適用在這裡並會讓這種情況自動得到淨化。上傳這種影片的目的以結論來看就是因為廣告收入，意即想要提升點閱率賺錢。然而我在前面就強調過，點閱次數不會直接被連接到廣告收入。

不久前YouTube國外的廣告主宣布拒絕在YouTube播出廣告。如果自家公司的廣告在色情或不適宜的影片中進行播出，那麼會傷害形象。這份宣言對以廣告收入為主要獲利來源的YouTube來說等於是晴天霹靂般的事情。

YouTube在這之後將創造收入的標準提高，強化標準訂定比過去更為嚴格的標準。如果既有的頻道點閱率總數是一萬次的話，任何人都可以申請成為夥伴並創造收入。然而從二〇一八年一月開始更改條件，將條件設定成在過去十二個月之間收看總時間要超過四千小時，訂閱觀眾人數要超過一千人以上才能創造收入。這意味著只願意針對獲得高度信任的頻道賦予廣告收入。同時也提升針對高人氣影片的監督作業，同時向廣告主透明公開廣告刊登情況等。

還是有很多人覺得需要更強烈的規範。然而考量到一天內被上傳到YouTube的影片是六十六年的份量，從現實層面來看的確無法針對每單一影片進行控管。與其制訂強烈與強壓形式的規範，倒是建議調整結構降低刺激性影片的收入，以結果的角度來看這應該是更有效的。當然由YouTube直播自行訂立規範試圖加強防範機制給予壓力也是一個方法。

最終就是要營造出優質影片可以獲得高收入的結構，這才是YouTube與一人創作者可以共同生存下去的機會。有些人急躁的覺得YouTube在加強標準後賺錢變得更困難了，但我的想法卻不太一樣。我覺得劣質內容被過濾，而結構也被調整了，廣告市場會趨近穩定，整個結構變成製作出優質內容的YouTuber反而更能提高收入的結構。

持續擴張訂閱觀眾人數才是可以保障長期收入的途徑。為了能達到這個目標，與其將著眼點放在刺激的單次大賺一場的內容，反而需要好好維持頻道特色不要讓訂閱觀眾脫隊才是正途。請一定不要忘記要持續製造優質的內容。

BUY

[Chapter 4]

一人品牌市場變大我才會變大

：為了養大自己的領域所要做的事情

分享，有影響力的人營造局面

我在媒體將自己曝光是二〇一三年年初的事情了。直到這個時間為止，我在進行網路直播時只顯示遊戲畫面與聲音而已。然後直到二〇一三年八月出席tvN〈康容碩美味的19〉，我在那裡不只曝光我的臉，我甚至公開了收入。AfreecaTV的氣球月收入是一百萬韓圜，YouTube廣告月收入是一千三百萬韓圜，在當時已經有某些直播主透過直播賺很多錢，而這件事情是已經是廣為人知的事實。

為了賺取氣球的收入而進行煽情或者暴力性節目播出的直播主們，有些時候會遭到輿論的圍剿。然而在當時知道不依賴氣球收入，憑藉著YouTube廣告收入就達到月收入一千萬以上，甚至有機會可以提升到年收入破億這件事實的人並不多。不對，大家根本不知道將影片上傳YouTube這件事情是可以賺錢的。當時在美國有叫做Smosh[1]的喜劇搭檔，從二〇〇五年開始在YouTube上傳影片而總收入規模達到一百八十億韓圜左右，然而在韓國卻只知道網路直播的唯一收入來源是氣球。連AfreecaTV的直播主們自己都不知道YouTube的收入結構。

「所以最近賺多少錢呢？」

自從公開了YouTube收入之後，每次有機會接受採訪時就一定不會漏掉這個問題。每當這時候我都會毫不猶豫的公開收入。在參與〈康容碩美味的19〉節目之後，不到幾個月我的月收入就超越了兩千萬韓圜，二〇一三年年底時則是達到月收入三千五百萬韓圜。而現在單純的YouTube月收入就超過四千萬韓圜以上。包含品牌置入廣告等其他收入則是Youtube月收入約二到四倍左右。

我在輿論公開自己收入的理由

我公開YouTube收入不是為了炫耀自己錢多。我想要做的事情是，希望透過公開自己的收入將YouTube其實是藍海的這件事實傳播出去。如果我的月收入只是兩百萬韓圜左右，那麼就不會

[1] Smosh是由伊恩·安德魯·席克斯（Ian Andrew Hecox）與丹尼爾·安東尼·帕迪亞（Daniel Anthony Padilla）組成的喜劇搭檔。

造成如此龐大的衝擊。或許能讓別人知道YouTube可以賺錢，然而卻無法刺激人們產生「不然我也試試看嗎？」的想法。然而當我說出我的月收入是兩千萬韓寰時，那情況就不一樣了。「大圖書館將影片上傳到YouTube竟然賺那麼多錢嗎？那麼只要賺大圖書館的十分之一就是月收入兩百萬韓寰喔！這感覺值得一試？」我期待的是這種反應，而我的預期被命中了。觀看YouTube影片的觀眾們、只在AfreecaTV進行直播的直播主們像雲朵一樣湧進YouTube，試圖開始經營頻道。韓國的YouTube也正式吹起了熱潮。

如果我想成為富翁，那麼我就不會在輿論下正直公開自己的收入。當時的YouTube是正開始把個人收入化模式導入韓國的時期，縱使想繳稅也沒有可以依循的前例。所以我只要閉上嘴巴，那麼一個月數千萬韓寰的收入就不用繳一毛錢的稅，全部放進自己的口袋裡。

如果我只是貪戀著金錢，那麼我想從開始的起步就會有所不同。當我開始一人媒體的二〇一〇年，那個時候的網路直播是不到B級甚至只有C級等級的形象。雖然也有進行健康正面節目的直播主們，然而輿論總是關注著煽情並暴力的直播主。當時的情況就是，進行刺激性節目播出的直播主們橫掃著氣球的狀態。我不想像他們那樣做節目。日後韓國導入YouTube個人收入模式時，我預期網路直播的收入不單來自打賞金，而是可以透過廣告獲得收入。所以縱使眼下一毛錢都賺不到，依然決定在完全沒有收入結構的多音TV Pot測試大圖書館的可能性。

當時我在多音TV Pot進行播出時達到最多觀看人員一千人。當節目塞滿了最高上限一千人時，我忽然有點納悶自己是否有辦法吸引比這更多的觀眾，同時也期待或許有機會吸引更多的人。再說我的遊戲節目是沒有謾罵毀謗的所謂「儒教節目」，我想要測試若維持著這種感覺是否能在AfreecaTV這個生態系統裡面存活下來。

要在AfreecaTV成功就需要滿足四個條件。刺激性的內容、聊天視窗經紀人、針對贈送氣球時直播主需要做出回應、與其他直播主進行協同播出。然而我卻忽視了這四個條件。我就依照自己在多音TV Pot進行節目一樣，持續了一貫沒有謾罵批評的儒教節目播出。持續下來之後發現，聊天視窗不會被污染所以不需要刻意透過經紀人管理聊天視窗，偶爾聽說某些經紀人揮霍其微不足道的權力反而引起聊天視窗的紛爭，所以更加覺得不需要刻意透過經紀人管理聊天視窗。

獲取氣球時，我會說出「謝謝」這樣一句話。我的終極目標不是透過氣球賺錢，所以不想刻意做出非常誇張的回應，我不想在可能影響節目的情形下督促觀眾贈送氣球。跟其他直播主們的協同播出則是因為我不想要所以沒有進行。我不常看其他直播主的播出，所以沒有要好的直播主同仁，我只想單純透過自己的力量出頭。

當時我的狀況是慘不忍睹的。多音TV Pot沒有收入化的功能結構，所以根本無法創造收入。在慢慢侵蝕工作時存下來的老本，甚至連這個老本都見底後，我開始向親戚伸手借錢。縱使如此我依舊用自己的方式在AfreecaTV撐了下來，那是因為在我的心裡有著比金錢更龐大的貪念。我想要成為在AfreecaTV生態系統裡面第一個用完全不同方式成功的直播主。我想要證明縱使沒有製作充滿謾罵、批評與刺激性的內容，也可以獲得觀眾的喜愛。我想要展現縱使播出為一般大眾的節目，而不是為了少數會贈送氣球的觀眾做節目也不會垮台。

搬到AfreecaTV的第一天，那天的觀眾人數是三百五十人，這是不及多音TV Pot觀眾一半的數字。但是過了兩個月後被選為AfreecaTV的最佳直播主，同時上線人數增加到四千人。之後每次節目播出都有五千至六千人看我的節目。有時甚至一次有一萬人同時上線看節目的日子。我的節目變成「媽媽允許看的唯一一個直播節目」，「不需要戴上耳機也可以的清靜節目」而開始引起話題，大眾終於對離線狀態下的大圖書館開始感到好奇。

要怎麼養大自己擅長領域的局面，那才是難題

我想我應該見過所有想要約訪我的媒體。在晚上進行直播那麼白天就要在家好好休息，不過我卻沒有拒絕邀請採訪的電話，也答應了演講邀約。晚上在AfreecaTV進行直播，凌晨剪輯上傳到YouTube的影片，稍微瞇一下起床就去接受採訪或去演講，晚上再次進行直播。真可謂是在

操兵。

然而沒有拒絕採訪與演講邀約的理由是，針對一人媒體我有太多的話想說。如果想要將陰暗之地的一人媒體市場拉到陽光之地，只是將節目播出做好是不足夠的。我覺得需要將一人媒體不是只有刺激性的內容，而是有任何人都可以享受的大眾性內容的這種事情訴諸於輿論。另外我需要說服相關機構與團體，我想要讓大家知道一人媒體在未來產業中扮演多麼重要的角色，若要形成這種局面，那政府單位需要提供什麼樣的政策進行支援。

當初EBS洽詢我時，我也是覺得〈大圖書館雜秀〉是可以擴張一人媒體基底的機會，所以才答應了這個節目的演出。如果當初被賦予的角色只是單純主持節目的主持人角色，那麼我可能根本不會開始了。這個節目當初是在一個白紙的狀態，電視台不知道要將什麼節目做成什麼樣的型態，所以可以從企劃階段就一起工作，這讓我覺得非常感興趣。日後的網路直播也要朝著高完成度的方向走，我覺得這是一個可以進行測試的好機會。當初也是由我自己先提出節目想要放就業相關的內容。我的觀眾群大多是十七至三十歲，他們最大的煩惱就是就業。

無線電視台的很多人看著我的〈大圖書館雜秀〉問我是否要成為藝人了。如果是一人創作者那麼任誰都會同意我的想法，我們並不想成為藝人。嚴格來說，藝人是表演者而一人創作者是企劃人。兩個角色所屬的領域根本不同。一人創作者當然可以演戲或形成粉絲群，然而身為企劃者的主體卻是不可以被動搖的。

CJ E&M在國內首次創立MCN時，我持續強調MCN應該要跟演藝經紀公司是不同的。我建議CJ E&M不要想刻意栽培一人創作者，要營造成可以保障創作者保留最大限度的個性與創造能量的空間，要能理解這之間的差距才能真正理解一人媒體的廣告市場。藝人是廣告模特兒，然而一人創作者則是廣告企劃人。尊重廣告主的原則，同時將適合我們個性與創作能量的廣告與廣告主的期望進行結合。草創時期時，MCN與廣告主都不太理解一人媒體的特性，所以在初始階段也曾經經歷到困難。

想要拍出什麼樣的廣告是一個議題，然而要進行什麼樣的廣告同樣也是議題的。我說服CJ E&M，越是一人媒體越需要承接大企業的廣告。廣告收入在一人媒體與其他媒體一樣扮演著主要收入來源的角色，所以一人媒體是否能承接這種性質的廣告就成為非常重要的議題了。

然而我從直播草創時期開始就斷然拒絕了色情與賭博相關的廣告。廣告規模與水準等同於代言媒體的力量。當一人媒體開始承接低級的廣告，那麼就只能永遠停留在陰暗之地。要能抓到大企業的廣告，一人媒體產業才會有活化的機會。CJ E&M同意了我的想法，開始積極向大型廣告主進行遊說，一人媒體廣告市場才獲得大力的發展。一人創作者們的個性太過強烈，所以站在廣告主的立場可能是憂喜參半，而身為大企業的CJ E&M站在中間進行調解，給予客戶安定的感覺。多虧這種幫忙讓身為MCN發展較晚的韓國，在一人媒體廣告市場這塊領域，目前算是領先了世界上任何一個國家。

真正重要的不是競爭力，是影響力

韓國的一人媒體市場正在迅速的進化、發展著。二〇一七年在高尺天空巨蛋舉辦的「DIA FESTIVAL 2017」活動吸引了約四萬名的觀眾。一人創作者的人數固然在增加，然而這份人潮證明了消費網路直播的觀眾也迅速的擴張著。

在這個時間點，我想建議消費網路直播的觀眾試著成為創作者。聽說最近國小國中學生的未來志願第一名是成為一人創作者。這件事情若被四十至五十歲的家長們聽到，那家長可能會說「一人創作者？那是什麼？」「進行網路直播的人嗎？你說是那種喝醬油然後在半夜爆走的，進行直播的那群人嗎？你要做那個嗎？」可能有些父母親會這樣說吧。

大眾對一人媒體的視線雖然獲得很多的改善，然而依舊存在著是B級文化的認知。當一人媒體市場越來越龐大，對於煽情刺激暴力性節目的擔憂也跟著變大。一人創作者在YouTube的年收入可以破億的事情被新聞報導出來的隔天就會有專欄接力報導，討論著要有可以管控網路直播的規範。

這就是我想成為有影響力的人更勝於成為富翁的原因。如果我只想賺錢，那麼就會為了多賺打賞金而卯足全力。我不會公開自己的收入，不會參加賺不到錢的無線電視台採訪節目，也不會進行演講。廣告只要進來什麼就接什麼拍什麼。我沒有這樣做的理由是因為，身為韓國一人媒體的第一個世代，覺得自己有份責任。

我同時也想營造一人創作者的理想模式。縱使不直播狂瀾爆走的內容，依舊可以以一人媒體獲得成功，縱使不眷戀氣球也可以擁有破億的收入，我覺得需要由某個人證明並告知這件事情是可行的。令人感激的是我有了這種機會。

我希望有更多人製作自己的YouTube頻道，將自己日常生活的點子分享出來。從製作影片並上傳的過程中感受到成就感，希望有更多人可以感受跟別人有所連結的感覺。當這種人越多的時候，廣告業界就會開始關注YouTube，這樣就會有很多優質的廣告進入YouTube，而YouTube的生態系統就會成長成健康有活力的方式。這種良性循環結構並非只是我一個人好好做就可以被營造起來的。雖然起頭是由一個人開始，然而最終是需要大家一起著手進行這件事情。

某人說YouTube已經是紅海。直播的確是如此。單一觀眾在同一時間段的確只能看一個頻道。然而剪輯節目卻不是這樣，我將自己吃蜂蜜奶油洋芋片的影片製作好上傳，那麼觀眾就不會只是消費單一影片而已，觀眾還會找出我吃其他零嘴的影片來看。不單這樣，觀眾還會找出其他吃蜂蜜奶油洋芋片的YouTube影片來看。等於是一個影片會變成引子讓影片跟影片之間被串連起來。

任何一種領域都一樣的，沒有任何一個團體只是單純彼此競爭而已。作家韓江的《素食主義者》獲得布克國際獎（Man booker prize）後，走著下坡的韓國文學界好不容易找回了活力。因為讀者的關心不單只朝向韓江作家，而是拓展到整個韓國文學界。

〈辛普森家庭〉系列的作家喬治．邁耶爾（George Meyer）說寫連續劇劇本也不是零和博奕遊戲，我想這也是出自於同一個脈絡。他說「當聽到一位編劇被聘請到試播節目，或者一個節目被製作成系列影集的消息時，就會覺得這是非常好的事情。因為這意味著喜劇賣得很好。」

我也不覺得一人媒體市場是零和博奕遊戲。世界上所有的一人創作者都是我的夥伴，讓一人媒體市場壯大、一起成長的夥伴。若是有這種人，那麼這個人無論是誰我都想為他加油。現在也有很多優秀的創作者，但在日後若能有更多評價好、令人感到愉快的、發展良好的一人創作者加入就好了。我的鄰居成功那麼我也可以好的美好世界，或許我們已經居住在這種地方卻不自知。

投資，讓自己成長
讓自我的價值變大

我到處公開自己的收入，所以縱使不知道自己兄弟姊妹賺多少，但大家可能都知道大圖書館到底賺多少錢。當初公開收入是為了到處宣揚不進行刺激的節目也可以賺這麼多錢。最近在進行採訪時，一定會被問到的問題之一就是賺多少錢，所以在接受採訪前都需要把當月的收入仔細精算一下。

如果某人問我是不是很會賺錢，那我的答案是「YES」。那麼如果問我「那麼你是富翁嗎？」的話，我想我的答案可能是「NO」。我並不是揮霍的人，有時會購買昂貴的衣服與鞋子，但那是因為懶得購物所以抱持著買好東西然後用久一點的心態，並不是對名牌有所貪念。我幾乎不喝酒。跟朋友見面才會喝酒或者一起做一些找樂子的事情，但我在朋友最容易聚餐的時間進行直播，所以沒有這種機會。雖然喜歡旅行，但卻對於移動中的交通時間感到枯燥。所以與其去旅行的「直接體驗」更喜歡透過電影或書籍進行「間接體驗」。這樣詳列出來後發現我的人生超級無

趣的，但我在工作的時候最幸福，所以不覺得有什麼不滿。

像這樣一個一個攤出來發現沒有什麼需要特別進行消費的地方，但我卻依舊沒有存到一筆錢的理由是什麼呢？那是因為把賺來的錢大部分再進行投資的關係，投資的不是股票或不動產，而是投資在一人媒體這個領域。

Uncle大圖是神的職場?這才是正常的職場!

二〇一五年七月與太太YumDaeng一起創立了法人機構「Uncle大圖」。「Uncle」這個詞彙給人親切的感覺，再說我的主要觀眾群是介於十七至三十歲的觀眾，我的確也是叔叔輩，所以選了這個詞彙當作公司的名字。某些報導說我是為了栽培後輩才開起了公司，但我沒有簽下其他創作者的計畫。公司的目的在於只支援大圖書館與YumDaeng這兩位創作者。日後預計要開兒童、食物、綜藝等多樣的頻道，所以需要可以專門負責SNS公關與剪輯等專業領域的製作團隊。我的構想是為了拓展與擴張日後的全球市場，我需要為多樣的事業建立前哨基地。

最重要的是，我想聘用數位內容的專門人力並以此作為支援與養成專業人力的手段。如果單純尋找可以協助我與YumDaeng的人手，那麼不需要刻意創立法人聘用正職同仁。以費用層面考量，外包出去使用外部人員反而更有效率，然而我想針對一人媒體這個領域做出我微小的貢獻，那不該只看效率，而是要針對栽培內容專門人力進行投資。我的目標是支援、栽培對一人媒體有興趣的年輕人，最終可以與他們一起成長。

那麼就要關注職員的福利。目前正是有新的人力湧進一人媒體的時機，如果在這個時候不在意職員的待遇與福利就無法獲取優質的人力。向年輕人強調「熱情Pay」（因為讓對方做了自己想做的事情，所以不支付應有的報酬），從倫理層面來看是需要被指責的事情，而以一人媒體整體的角度來看，這是將一人媒體推入B級產業的捷徑。創作者尤其屬於透過觀眾的鼓勵而成長的專業工作者，所以身為創作者更不可以將可能是我的觀眾的年輕人當作「廉價的勞動力」。

Uncle大圖不久前聘用了新的影片剪輯人員。正職（有三個月的試用期），加入四大保險（國民年金、健康保險、雇用保險、產災保險），依照勞基法的休假與年假，每週上班五天四十小時的彈性上班制度，生日禮金一百萬韓寰，除此之外還提供各種不同的福利，年薪則是在面試後進行協調。

職缺廣告一出去就獲得了熱烈的迴響。上傳到YouTube的職缺廣告達到五十萬的點閱次數，詢問細節的留言則是超過了一千五百次，最終申請這個職缺的人數多達兩百五十人。一開始的規劃是聘用兩位（實際上聘用了四位），然而這等於是一百二十五比一的競爭率。

Uncle大圖在草創期時並沒有辦公室。因為業務特性所以沒必要一定要做上下班這件事情。我當時覺得不需要受到時間、空間限制，自由的工作對職員們反而是比較好的。

然而卻產生了奇怪的問題。職員們的父母親與家人們開始用懷疑的眼神看著他們。也是吧，好幾個月不出門上班，只知道窩在房間裡看遊戲影片，會懷疑「他到底有沒有上班啊？」也是合理的吧！再說「不受時間空間的限制工作」這是需要徹底的自我管理，不然就會變成是做不到的事情，只要稍微怠惰就會把事情全部擠在最後一刻一起做，所以有些職員抱怨感覺過著如廢人般的生活。當時職員的人數正好增加了，覺得與其讓職員們窩在房間一角只知道看螢幕，想說可以讓他們吹吹戶外新鮮的空氣於是準備了辦公室。

然而我並沒有強制規定的上下班時間。只要能一天工作滿八小時就可以了。如果因為某些狀況工作超過八小時，那麼隔天就依照多做的時間提早下班就可以了。又不是久坐就可以把事情做好，我知道這樣只會降低工作效率。向觀眾傳遞快樂與開心的大圖書館TV，在這裡工作的職員們被加班與繁重的業務折磨是不可能的事情。

每當職員提出設備或程式相關的需求，那就在當下立即進行購買。如果職員們可以更開心有效率的進行工作，那麼購買設備的費用就一點都不會可惜。我們公司也不常聚餐。在聚餐的時間各自去享受文化活動或去約會，我覺得這對提振士氣是更好的。偶爾進行聚餐時會找美食餐廳吃好吃的東西。職員們與創作者沒人喜歡喝酒，所以聚餐的氣氛總是非常清爽。

我希望Uncle大圖可以是一個提供最大限度自由的公司。而這不代表上班態度與業務產出可以是亂七八糟的。我的意思是希望職員們可以在舒適安心的環境，不看任何人的臉色，盡情發揮自己的創意開心工作。剪輯師開心的進行剪輯，觀眾才能開心的看內容。

二〇一八年，Uncle大圖的總職員人數達到十位。目前還是一間小公司，然而因為我聘請了可以經營公司的專業人士，所以在今年產生了大變化。這一位在YouTube日本曾擔任廣告產品專家，管理頂級創作者夥伴關係，在法國歐洲工商管理學院（INSEAD）攻讀ＭＢＡ學習管理經營，正可謂是我們公司需要的必要人才。

他在東京工作時，我們之間只有工作上的互動，然而在得知他懷念韓國的時候我沒錯失這個機會。我向他解釋我們公司的願景，彷彿偷竊般的把他請了回來。他離開谷歌進入Uncle大圖的這件事情在業界引起了小小的漣漪。他比我大了幾歲，而他覺得來Uncle大圖工作這件事情感覺好像更有趣，開心的像個孩子。看著他的樣子讓我更確信這真的是適合我們公司的人。

直到現在與太太一起負責管理公司，同時依舊並行著既有的活動，這讓我們兩個人因為疲勞累積到已經快無法負荷了，然而現在終於可以專注在創作者的活動了。以後也可以朝著發展成為更大公司、與更多職員們一起工作的路徑前進了。更重要的是，我希望看到現在的職員們透過與這位專業人士的相處學習更多，獲得照顧，每一位職員都可以成長成為一人媒體的專家，這些事情讓我感受到Uncle大圖這間公司無可限量的可能性。

想要飛得更高，就耕耘現在踩在腳下的土地

我的YouTube收入雖然可觀，可是從置入品牌廣告獲得的收入也很多。置入品牌廣告意味著廣告主將整個廣告的製作完整委託給創作者。簡單講就是廣告主將廣告公司數位職員一起完成的事情委託給一位創作者。這種委託案件中，創作者並非像藝人一樣單純在廣告中扮演模特兒的角色，而是需要統籌並負責企劃、演出、拍攝、剪輯、分銷等的整個過程。所以藝人被支付的是廣告費用，然而創作者則是同時被支付模特兒以及製作費用。

一人創作者的廣告與電視以及平面廣告不同，是低廉與迅速的，然而關鍵在於可以製作出親切又新奇的廣告。電視廣告的影像其美感與完成度很卓越，但給人了無新意的感覺，而一人創作者的廣告則在親切與讓人覺得有趣，但完成度卻是不高的。我總是在既有廣告與一人創作者廣告的優缺點之間試圖找出危險的平衡點。我的目標是能夠製作出既有完成度，同時具備一人創作者的親切與新鮮的廣告。所以縱使刪減一些模特兒費用，將其用在製作費用也不覺得可惜，因為就

是想以此試圖找出恰當的尺度。

砸錢下去製作出好的作品反而是輕鬆的事情，因為那是任何人都做得到的。在恰當的製作費用下創造出最大的效果才是一人創作者的能力。在這種意義之下我不間斷的嘗試並測試著自己的極限。

我會這麼在意廣告完成度，是因為要能做到這種程度才能收到廣告主的委託。你可以從廣告規模得知媒體的影響力，也就是說要能承接大企業的廣告，身為一人媒體的影響力才會變大。站在大企業廣告主的立場，將廣告委託給一人創作者可以是一件非常冒險的事情。將廣告委託給一人創作者可能可以製作出嶄新的廣告，然而同時也需要擁抱或許會讓企業品味降低的風險。為了能夠平息這份憂慮，就需要驗證創作者是否具備能力，可以製作出高完成度的廣告。

尤其身為製作品牌置入廣告的第一個世代，我感受到龐大的責任感。首先我自己要做得到，才能讓其他創作者也有跟著發達的機會，我總是努力提醒自己不讓自己忘記這個事實。實際上也從CJ E&M聽說過我的範例在承接大企業廣告時成了很大的助益。當廣告主半信半疑的猶豫著是否該將廣告委託給一人創作者時，在確認過我製作出來的廣告品質之後感到了安心，當我聽到這件事情之後覺得當初自己的執著是很有價值的。

我不曾考慮過怎麼樣才能節省廣告製作費用，該怎麼節省人力費用。我的野心比省人力費用與製作費用來的更大。如果我的投資，哪怕多少可以對拓展一人媒體的基底有點幫助就好了。如果可以有更好的、更有能力的人才湧進一人媒體就好了，我期望可以有更大的廣告市場向一人媒體敞開。如果可以讓人們對一人媒體的信任變得穩固，可以讓大家更關注一人媒體，那麼我以後也不會吝惜投資費用。

我不是為了別人進行這些事情。我相信這種投資針對於未來大圖書館預計要展開的冒險，是扮演著基底角色的。為了飛得更高，我必須要好好穩固現在踩在腳下的這片土地。

合作，新的工作方式，有新的工作機會在等著

最近藝文界與各種不同領域一起合作成了一種趨勢。網漫由編劇作家與畫畫的作家合作，數位平台則是組成剪輯團體進行兩人三腳競賽一樣的合作模式，連續劇劇本也是由好幾位編劇一起編寫，而這種異業或同業合作的情形變多了。國外的連續劇多以季別進行製作，所以通常會有超過十位以上的編劇一起進行作業。

一人媒體也是相同的。可能「一人媒體」這個名字讓人覺得要一個人完成所有的過程，但事實不是如此的。無論是自己做還是數個人一起做，只要一人品牌一人媒體的特色不被動搖就沒有關係。以我的例子來說，我親自負責企劃、演出、導演、腳本，而影像剪輯與拍攝，細部企劃等則是接受Uncle大圖職員們的協助。但這怎麼說都只是我個人的範例，依照創作者個人的能力進行細項分工，那麼就可以有各種不同的分配。如果是剪輯節目，那麼創作者自己也可以只負責企劃並將演出節目委託給別人。標榜著進行綜藝實境秀或進行實驗的頻道常有這類型的工作分配。

如果是直播，那麼創作者可能就一定要參加演出，然而也可以請別人幫忙照明燈光與準備工作等的部分。

無論是自己還是多個人做，只要頻道特色明確就是一人媒體

這裡有個一人媒體異業合作的良好範例。在美國達人秀（America's Got Talent）彈著小提琴跳舞演出的琳西·特莉（Lindsey Stirling）雖然在節目中被評審委員嚴苛的指責，然而在現在則是變成知名的YouTuber，發了專輯並開始了海外公演。她與專門製作音樂錄影帶的YouTube製作人合作，製作了YouTube影片引起了話題，導致她有機會獲得後續的發展。

ERB（經典饒舌爭霸戰，Epic RAP Battles of History）是以歷史中的人物為主題展開饒舌競賽的節目，將饒舌競賽拍攝下來的影片被上傳到了YouTube，顯然這些人與其他音樂YouTuber一起合作製作出影片。饒舌歌手自己負責企劃與製作並委託專業導演進行拍攝，這可謂是成功的合作範例。

一人媒體當然是在獨自工作時可以將其優點完整展露出來的媒體。獨自工作的一人媒體，其最大的優點就是可以用低廉的費用製作出內容。製作費用對一人媒體的新手而言是非常重要的議

題。製作費用低才可以輕易進行挑戰，可以持續製作出內容，而一人媒體需要獨自決定所有事情，所以另外一個優點則是可以迅速規劃與進行修正。

最重要的是，我覺得有必要親自體驗製作的整個過程。親自做剪輯尤其對一人媒體新手而言是很好的訓練。透過剪輯的過程，可以從客觀的角度檢查自己企劃以及進行節目的能力。

我有一陣子維持著晚上做直播，隔天早上剪輯YouTube影片，下午進行外部通告，晚上再次進行直播……獨自攬著這種要人命行程的時間。我要做到這種程度的原因，是因為不想讓大眾產生類似「如果要像大圖書館這麼會賺錢，那麼就要有好幾位員工」的誤會。

當時是我公開了自己在YouTube的收入之後，很多人正開始關注起YouTube的時候。在這麼重要的時期不想因為無謂的誤會讓人們裹足不前。我想要讓大家知道，任何人都可以一開始就可以在沒有負擔的情形下開始YouTube。

雖然撐了一陣子，然而很快就到了臨界點。YumDaeng實在看不下去向我提議將剪輯委外處理。我也決定不要再這樣逞強。因為我覺得再這樣撐下去，或許這次會產生「一人媒體就要無條件的全部自己做」的誤會。

完全敞開的製作創作者的時代

就如我創立Uncle大圖一般，現在有越來越多的創作者開始創立公司以及聘用起專業剪輯人士。協助一人創作者剪輯以及協助製作過程的人們被稱為是「製作創作者」。當一人媒體市場獲得成長，製作創作者也受起矚目，而這份職業受矚目的程度不輸給創作者。

1. 剪輯師

最受人矚目的製作創作者是剪輯師。將拍攝好的影片依照規劃的時間進行剪輯，配置背景音樂、CG、字幕等，剪輯師擔負幫整個影片提升趣味度的事情。如果不細想可能會覺得只要具備影片剪輯的技術就可以了，但事實卻不是這樣。我建議新手創作者一定要親自試著剪輯也是出於這種理由。

如果想要擅長剪輯就需要具備企劃力。一人媒體的精髓在於速度，所以不能像電影那樣花漫長的時間付出龐大心力，以類似慢工出細活的形式進行剪輯。要依照剪輯師的直覺在每個瞬間有著「喔，如果將這個片段突顯出來就會很有趣吧！」「這個地方不用考慮要全部刪掉！」要能迅速做出類似這樣的判斷。也因為這種理由，導致剪輯師可以將死亡企劃案救活，有時也甚至可以毀掉優質的企劃案。

剪輯師的角色如此吃重，以致於讓創作者們會非常慎重的選擇自己的剪輯師，並且也大多像我一樣從自己的粉絲裡聘用剪輯師。因為粉絲比任何人更清楚創作者的魅力與內容的本質，如果這位剪輯師可以將創作者的企劃實際呈現在剪輯的過程中，那就是錦上添花了。YouTube影片講求瞬間吸引住目光，所以如果剪輯師能製作出風趣又有感覺的主題或縮圖，那麼這位剪輯師會很受歡迎。

2.拍攝人員

一人媒體的拍攝人員不單負責創作者內部或外部影片的拍攝，還要負責從拍攝到打燈照明，統籌整個拍攝相關的事情。如果進行規模較大的拍攝，那麼攝影組員之間可以進行分工，然而一般只是小規模的單純作業，在拍攝時將鏡頭固定住然後由一個人管理所有的事情。並且也常發生在戶外拍攝的情形，所以一人媒體的拍攝人員如果具備了專業能力那就更有優勢。有時幕後工作者也會像在〈兩天一夜〉的羅暎錫PD一樣積極出現在影片裡，這比想像中還要重要。提醒創作者在錄影時可能遺漏掉的部分，並且積極以行動引導創作者拍出優質的場景等，拍攝人員也扮演部分導演與企劃者角色。如果遇到優質的一人媒體拍攝人員，那麼從影片感受得到的緊湊感就會有所差別，由此可以得知拍攝人員扮演的是多麼重要的角色。

3. 編劇

我並沒有另外聘請編劇，然而我覺得在日後的一人媒體生態裡，編劇這個角色也會變得越來越重要。這裡所謂的「編劇」並不一定需要具備卓越的文字能力，反而更需要具備結構與企劃能力。綜藝編劇不單只負責編寫腳本，同時也會參與企劃、結構、聘請演員，一人媒體的編劇也會協助創作者進行從企劃到整體的事情。縱使拍攝現場有獨立的導演，然而編劇依舊會積極參與檢查拍攝方向並扮演協助導演的角色。

尤其在創作者擁有卓越的企劃能力但專業性有所不足的時候，編劇在這種時候的角色就會變大。編劇要能代替創作者將相關領域的專業知識進行統合，以此補強創作者的企劃。

其實一人媒體的編劇完全沒有編寫劇本的壓力，這是因為一人媒體是更重視即興演出與臨場發揮的媒體。當節目型態是進行三到四小時的直播，那在直播期間需要的是跟觀眾進行溝通，所以根本不需要腳本。

4. 導演

擁有卓越企劃能力的人可以藉由聘用編劇補強專業素養，那麼擁有卓越專業素養的人則會聘用導演補強企劃力。一人媒體需要因應觀眾細膩而不同的喜好，所以面對該領域時，切入的角度只能是更專業的。因此像是某領域的專業人士，或像是御宅族這種在某個領域擁有專業素養的人如果有機會變成創作者，就會佔有更強的優勢，然而議題在於要將自己所熟悉專精的領域用比較輕鬆的方式詮釋出來不是一件容易的事情。這種時候就是需要由專業導演將創作者的專業性用較為大眾、較為親切的方式詮釋出來。

5. 經紀人

這裡所謂的經紀人就像是藝人的經紀人一般，負責駕駛與調整行程等工作。以我自己為例，我沒有另外聘用經紀人。

我花時間大略觀察在相關領域工作的製作創作者人選。感覺上在既有媒體有過剪輯、編劇、導演等經驗，可能在一人媒體從事幕後工作時會更有幫助，但事情卻不是這樣。因為在該領域擁有專業技術與擁有對一人媒體的感性，兩者權衡之下更為重要的是後者。在既有媒體工作的資深人士可能擁有高超的技術能力，然而已經熟悉與數十個人一起工作的職場文化，所以常發生無法適應一人媒體特有的速度與節奏。

Uncle大圖在聘用新職員時，YumDaeng與我和通過書面審核的申請人二十位進行了各一小時的面談。我們的聘用標準是「個性勝過能力」。我們最重視的地方是該人員是否可以與既有的職員形成團隊協同合作，將團隊運作發揮到最大。第二個重點在於該面試人是否有著身為一人媒體的感性，也就是觀察申請人是否有品味與感覺。將申請人提交的個人資料與面談態度等全部綜合起來，就可以看見這個人是否擁有符合一人媒體的美感。

如果想要成為製作創作者，那麼要能針對自己想要經營的頻道提出徹底分析的內容。創作者大多與自己的粉絲一起工作，所以要能對該頻道有深層的理解才有被聘用的可能。或許不需要具備「粉絲心情」，然而至少要有好感，要能展現出身為製作創作者可以如何對該頻道做出貢獻。

製作創作者是一個非常有展望，也是一個值得挑戰的領域。現在該領域的人力呈現不足的狀態，日後也會是如此，工作條件與待遇也呈現越來越好的趨勢，最重要的是可以協助自己喜歡的創作者並與其一起工作，這才是這份工作的魅力。跟年紀、學歷、經歷無關的任何人都可以挑戰，所以請鼓起勇氣吧！

製作者的新伙伴，MCN

如果說藝人有藝人經紀公司，那麼創作者則是有MCN。MCN負責支援創作者的行銷、著作權管理、內容企劃與分銷、教育、收入管理等工作，MCN是透過支援這些事情而獲得收入的媒體業者。

具代表性的業者就是我所屬的CJ E&M。CJ E&M當初說要組成韓國最初的MCN然後聯繫我的時候，是我也因為沒有路徑解決稅金與著作權相關的問題正感到沈悶之際。YouTube的廣告收入一直在增加，然而想要繳稅卻沒有辦法。可能可以說當時不需要繳交稅金，然而不需要繳稅金的職業是不會被認可，而這種職業也別想期待獲得政府層級的政策支援。

著作權也是相同的。想要購買在製作影片時需要使用的音樂著作權，然而一人媒體沒有可以進行採購的渠道，所以需要可以代替創作者解決這些議題的MCN。而想要協助韓國架構MCN模式的我就接受了CJ E&M的提議。

加入MCN之後需要將創作者的部分收入當成手續費支付給MCN，然而卻可以解決稅金與著作權相關的議題，創作者自己的內容也會受到著作權的保護。另外容易獲得MCN相關業界的資源，也更容易獲得廣告贊助。

韓國MCN市場正可謂是春秋戰國時代，其炙熱的競爭程度可想而知。有點難以將韓國的MCN其優缺點詳列出來進行比較，然而我選擇CJ E&M的理由是因為他們對於MCN的願景是較為明確的。

首先，CJ E&M擁有想要栽培新手創作者並與其共同成長的目標。在草創時期的時候，CJ E&M提出不收MCN手續費如此具有衝擊性的條件，試圖以此籠絡當紅的創作者加入其團隊。籠絡到知名創作者不單容易獲得投資，最終也可以用較高的價格把公司賣掉。

在過去二〇一四年有個叫做Maker Studio的MCN公司被迪士尼以美金六億七千五百萬美元（約七千五百億韓寰）收購，業者希望以企業收購的形式創造收入。然而這種公司是不可能關注開發與培育新手創作者的。相對的，CJ E&M並非將注意力放在已經很紅的頻道，而是將著眼點放在發掘有成長潛力的頻道並予以栽培，訂立以此創造更大收入的長期規劃。

第二，CJ E&M的廣告事業部承接一人媒體的廣告。一人媒體市場開始可以承接大企業的廣告，其背後CJ E&M有著莫大的功勞。

第三，CJ E&M公司內部擁有部分音樂與字體的著作權，所以可以在不需要擔心著作權費用的情形下進行使用。只要創作者願意，那麼CJ E&M會積極協助創作者與所屬藝人進行合作演出。

MCN看到創作者的潛力會主動提出挖角的提議，然而創作者也可以向MCN提出申請加入。申請大多是透過各公司的官方網站進行。每間公司核准的標準不太一樣，然而以CJ E&M為例，據我所知是相較於找出既有訂閱觀眾人數多的頻道，CJ E&M比較重視有企劃力與發展潛力的頻道。

攻略，要怎麼面對敞開在我們前方的新世界

正開始準備挑戰成為創作者的新手，對他們而言最必要的資質是什麼呢？那就是面對全球的能力。我開始使用YouTube平台後最徹底的感受就是，韓國真的是一個很小的市場。首先廣告價格就不同，日本是韓國的三到四倍，美國甚至是七到八倍。同樣的內容在不同國家進行消費最大可以有八倍的差距。

與在韓國被消費的內容相比較，海外內容的點閱率與訂閱觀眾的人數才是「無四牆」。以二〇一八年三月為基準，PSY在YouTube頻道的訂閱觀眾人數為一千一百萬人以上，點閱率達到六十七億次。這在國內是絕對不可能的數字。國內與海外內容訂閱觀眾人數的差距最終連動影響力，而這就導致廣告收入的差距。

我的訂閱觀眾約二〇％至三〇％在海外。因為他們會看我的內容，所以不會講英文的我，每個月在海外也產生廣告收入。某次記得有位克羅埃西亞的學生藉由看我的影片學習韓文，然而我

的內容屬性有著非常明確的語言限制，所以對於攻略海外市場是有所不足的。我在準備食物與兒童等新頻道的理由也在於此。

我們現在的觀眾是七十億的全球觀眾

韓國流行音樂（KPOP）、韓國彩妝（K BEAUTY）、Cover Dance（學流行歌手的舞蹈）、演奏樂器、兒童等非語言系的內容就沒有所謂的語言限制，可以在充分運用韓國文化的同時攻佔海外市場，然而依舊有需要注意的事項。音樂相關的內容尤其需要留意著作權。如果創作者隸屬於某MCN，就可以使用該公司所保有著作權之音樂，然而如果不是這種使用情境，則會因為違反著作權法而無法創造收入。有段時間處理這種狀況的方法是無條件刪除違反著作權的影片，最近則常發生由著作權所有人拿走廣告收入徒留內容的情境，一人創作者在這種情況則是無法獲得廣告收入，只是相對的可以宣傳自己的內容，並藉由宣傳獲得承接外部活動創造收入的機會。

製作出一個優質的兒童內容可以獲得九〇%的海外訂閱觀眾。如果以提升點閱率與試圖攻佔海外市場為目標，那麼這就是最適合的頻道了。但是需要記得對提升一人創作者的知名度則是有限制的。

有些時候為了攻佔海外市場會進行配音或上字幕，這是很好的點子，然而在英語系國家的觀眾不太熟悉字幕，因此這是另外一個議題。而選擇配音則會增加額外的製作費用。

不想要煩惱有的沒的問題卻又想攻佔海外，那會講英文就可以了。最近有很多具備良好英文口語能力並以此為基本資歷的優質年輕人，縱使不在外商公司上班也可以賺取外幣，而那個方法就是成為YouTube的創作者。靈活運用自己的英文能力製作內容，然而不要製作只針對國內專用的教英文的內容，而是規劃可以攻佔海外市場的內容吧。舉例來說將流利的英文能力與韓國彩妝內容結合在一起，就可以期待優良的結果。

現在準備開始的創作者想要具備競爭力，那麼建議將著眼點放在攻佔海外市場。現在一人媒體的觀眾數不單只是五千萬的韓國人，而是包含七十億人口的世界人。

對了，最後想要建議選擇暱稱時需要慎重一點。「大圖書館」怎麼想都不是全球化的暱稱。縱使從「防彈少年團」變成「ＢＴＳ」獲得靈感，然而把自己變成「ＤＤＳＫ」就有點……，如果不想像我一樣面臨這種難堪的狀況，那麼一開始幫自己取暱稱時就需要考量到海外市場。

你的口袋裡裝著什麼

除了攻佔海外市場，大圖書館的願景是非常多樣的。首先想要製作美國式的脫口秀節目。所謂的美國式脫口秀風格，就是主持人持續進行多個二至十分鐘的單元。從數個短影片結合而成的觀點來看，這是非常親近YouTube的節目。

以前在韓國有以主持人的名字為節目名稱的脫口秀。就是製作像是〈強尼．尹秀〉[2]，〈朱炳進秀〉[3]，〈李丞涓的Say Say Say〉[4]，〈金惠秀的PLUS YOU〉[5]這種類型的節目。然而這種節目都是邀請一位嘉賓並進行長達一個小時較有深度的訪談，所以這跟美國式的脫口秀是很不一樣的。

我開始夢想著以美國式脫口秀形式進行〈大圖書館脫口秀〉，是受到康納．歐布萊恩（Conan Christopher O'brien）的影響。康納．歐布萊恩主持著代表美國的深夜脫口秀。他以特有的口才與感覺深受年輕觀眾的喜愛，因為這種特性，相較於電視，觀眾反而更容易在YouTube消費他的內容。

他在韓國汗蒸幕體驗擦背的YouTube影片在韓國國內也擁有頗高的人氣。他在幾年前造訪韓國，幫MBC連續劇〈再一次Happy Ending〉進行友情客串。他年紀已經不小了卻總是可以跟年輕世代愉快進行溝通，這種樣貌給了我很大的靈感。如果某一天我真的能夠製作、進行脫口秀時，希望可以跟上康納．歐布萊恩的後腳根。

我的另外一個願景是將目前聚焦在線上（on-line）的大圖書館的價值，擴張到離線（off-line）。我其實對玩具很有興趣，總有一天希望能夠規劃並生產玩具，並希望看到全球的兒童可以拿著這個玩具玩耍的樣子。這不意味著我要脫離一人媒體正式開始事業。我的意思是說，想要透過一人媒體進行宣傳與分銷，希望以此測試分銷的革命。而我想做的不是製作露骨的玩具廣告，而是想開發既有的卻是有故事性的內容。

如果以透過優質內容獲得時尚行銷效果的範例，那麼樂高電影（LEGO MOVIE）與樂高主題公園就可以成為很好的範例。然而，以我的例子來說，我並不生產產品只是想先製作內容。我想做的不是為了銷售產品進行宣傳的內容，相反的，是先製作內容進行分銷，接著再製作出有附加

---

2 強尼．尹，一九三六年十月二十二日生，韓文姓名為尹宗承，為韓國媒體人，也是首度受邀美國〈今夜秀〉（Tonight Show）的東方人。

3 朱炳進，一九五九年三月一日生，韓國媒體人與企業家。

4 李丞涓，一九六八年八月十八日生，是韓國演員兼模特兒。

5 金惠秀，一九七〇年九月五日生，韓國女演員。

價值的產品。這當然是尚未成熟的夢，然而我打算不怠惰的一腳步一腳印的讓點子往前發展。

為了能夠做到，就需要擴大一人媒體的基底，為了擴大基底就有很多事情要做。有一方說一人媒體已經是紅海，另一方卻還以為AfreecaTV是一人媒體的全部。對四十歲以上的人來說，一人媒體是彷彿叢林般的，是未知的、令人覺得畏懼的世界，而十幾二十歲的人卻彷彿泰山一樣在這之中拉著藤條盪著鞦韆。偏見的兩個極端，不是太不懂就是太懂之間的差距與極端，這讓大眾對一人媒體不斷產生誤解。

最大的誤會是覺得一人媒體已經呈現飽和狀態了。相較於一人媒體承接廣告的速度，創作者湧進來的速度更快，所以報章雜誌連日報導著很難透過YouTube期待廣告收入了。但我的想法是相反的，我覺得應該要有更多的創作者湧進市場。在人口與資源不足夠的韓國想要擁有競爭力，那麼就需要培育有個性與創意能力的人才，我覺得創作者才是這種人才。一人媒體不是一瞬間的流行，而是科技的進步與現代人對於一人品牌的渴望相吻合，形成了一股無法逆向行駛的如水流般的潮流。

我覺得比任何事情更重要的是，一人媒體在「自我發現」這個層面是擁有其意義的。直到現在，眾多的個人將自己的喜好與興趣深藏在口袋裡面。偶而將手放進口袋把玩，然而卻不曾想過要將這些公諸於世。可能覺得我的喜好與興趣只是為了我自己，是不會有其他用途。

然而現在所謂的一人媒體，在這個龐大的潮流之中，眾多個人有機會將困在自己口袋裡的興趣呼喚到外部的世界。請現在馬上將手伸進口袋。你摸到的是什麼？你可能以為是皺巴巴的面紙屑，但你錯了，對某人來說那是造訪新世界的邀請函。對某人來說那是閃閃發光的快樂，又對某人來說那是超過預期面額的紙鈔。就如同大圖書館是這樣，任誰都可以靈活運用深藏在口袋裡的可能性，以一人媒體的身份獲得成功。所以我最後想要說的是這句話。

「不要害怕！先拍，然後上傳看看嘛！」

[附錄]

與大圖書館一起製作的大賣內容

：從企劃到行銷，
由大圖書館進行一對一指導！

如果是家事九段[1]，三十幾歲的主婦？

〔與孩子一起製作料理〕

＊用專業與親和力取勝：挑戰料理頻道！

我最想要慫恿去挑戰YouTuber的人群是主婦群。主婦對家事、育兒、教育、不動產、室內設計、烹飪、購物等，關心的領域如此廣泛並擁有屬於自己的知識（know-how）。不單如此，主婦擁有著以親切的方式詮釋出這些知識的能力，這讓我覺得主婦是非常適合成為YouTuber的一群人。

主婦做的事情跟一般公司行號的工作一樣，都需要具備諸多專業性與努力，然而卻無法獲得相對應的報酬。如果妳是無法從自己的工作中獲得成就感的主婦，請將著眼點轉向YouTube吧！透過YouTube分享家事與親子相關的知識，並試著跟訂閱觀眾進行溝通，那麼不單可以抒發壓力，也可以從自己的工作中感受到榮譽與成就感。如果可以持續經營一兩年YouTube頻道，經營過程中可以維持一致性，就可以期待安定的廣告收入。

YouTube已經有很多由主婦在經營的頻道。但這不代表著這個領域已經是紅海，YouTube的奧妙之處在於，觀眾會依照自己有興趣的項目一個接著一個像是接龍般到處游移在頻道之間。因此某個人的烹飪頻道當紅不意味著我的觀眾被搶走了，是意味著我的烹飪頻道也有可能成功的意思。從這個意義來看，YouTube的字典裡沒有所謂「好像晚了」這個詞彙。YouTube總是屬於「現在挑戰也不晚」。

第一步　企劃：一定要是我喜歡並擅長的事情

▼**尋找我有信心並在關注的領域：**從家事、育兒、教育、不動產、室內設計、烹飪、購物等多樣的領域中選擇一樣我有自信又擅長的事情。在這裡選擇烹飪試著以此進行企劃。

▼**訂定主要企劃：**要持續增加訂閱觀眾人數，就需要只屬於自己頻道的招牌內容，意即需要有主要企劃。當訂定主要企劃時需要考量的是，這個企劃是否有被持續的可能性。像是用一萬韓

1 如同下棋等以段數區分等級，在韓國也以家事九段形容非常擅長做家事已經達到最高意境的主婦。

寰做的料理、挖冰箱料理、三分鐘簡單料理等，可以做的東西可謂是無窮無盡。像這樣不需要擔心素材會枯竭的內容才算是好的企劃。在這裡將主要企劃訂為「與孩子一起做的料理」。

▼**訂定觀眾的年齡層：**如何決定觀眾年齡層會直接影響到內容。在這裡將對象訂為有幼兒或者學齡前兒童的三十幾歲父母親。

▼**訂定基本概念（concept）：**要先決定製作的是刺激羨慕與憧憬的，所謂的「想成為的（Wanna Be）內容」，還是要製作可以令人感到親切並引起共鳴的「日常生活內容」。想要迅速建構自己的形象，那麼建議運用眼鏡、帽子等單品營造出屬於自己的招牌造型。

▼**訂定上傳週期：**上傳週期可以依照自己方便進行設定，然而建議一週一定要上傳兩個以上的內容。預先公告上傳的星期與時間，這對拓展訂閱觀眾的數字是有幫助的。

想要經營與孩子一起做的料理頻道，那麼就要在小孩不去托兒所的星期六進行拍攝，週間運用瑣碎的時間進行企劃與剪輯作業，在每週二與週五上午十點上傳影片的排程應該就是比較好的行程規劃。

每週規律上傳兩個以上的內容並不是容易的事情。為了以防萬一，建議製作四到六個備份影片，這樣就會在預期之外的突發狀況產生時成為重要的備案。

▼**撰寫企劃案：**主要企劃已經決定是「與孩子一起做的料理」，所以在撰寫企劃案時將重心放在撰寫細部要做什麼樣料理的內容。選擇製作小孩子會喜歡的料理中，容易做又營養豐富的料理。料理的名稱建議取像是「麵包超人手捏飯糰」，「鯊魚一家也喜歡的沙拉」等，選擇小孩子會喜歡的名字。

除了主要內容之外偶爾也需要上傳次要內容（sub content）。就是規劃我設定的目標觀眾群有可能會感到有趣，然而比較不同的企劃。這份次要內容雖然跟與孩子一起製作的料理這個主要企劃有點距離，然而製作最近流行的葡萄酒下酒菜，或者幫主婦之間頗有人氣的烹飪工具進行審閱，這種就是剛剛好的次要內容。這種次要內容可以協助擄獲新的觀眾，也會協助與既有觀眾進行溝通。

然而需要注意的點是，在規劃次要內容時需要考慮觀眾的年齡層。如果忽略「養育幼兒的年輕父母」是目標觀眾群，忽然來一個沒頭沒尾的像是「自己租房子的人可以做的簡單料理」這種次要內容，那麼就會打壞頻道的一致性，這會提升獲取固定訂閱觀眾的難度。

▼決定影片的長度：不需要將所有內容的長度進行統一。然而需要預先決定製作幾分鐘長度的影片，這樣才可以減少錯誤示範。如果不先想好內容的長度貿然開始進行拍攝，那麼拍攝時間會永無止境的延長，而在剪輯的時候就會吃苦頭。另外也會因為沒能有效的調節份量，可能製作出枯燥或有點緩慢的影片。雖然依照構想會有所差距，然而三到五分之內最好，最長也不要超過十分鐘。

▼訂定暱稱與頻道名稱：縱使開始的時候是一個微小的起頭，然而既然開始營運頻道，那麼考慮未來的全球市場也不是一件壞事。因此在選擇暱稱時建議可以選英文，或者容易翻成英文的暱稱。頻道名稱請選擇可以將頻道特色展露無疑的名字。決定好暱稱與頻道名稱就開立YouTube帳號。

第二步　準備物：需要具備的基本配備

▼錄影機：新手YouTuber只要有一個智慧型手機就足夠了。只是，烹飪頻道需要將鏡頭拉近，在呈現料理時有時需要近拍，所以建議購買五十至六十萬韓圜（約一萬三千元至一萬七千元

台幣）的可以使用ＤＳＬＲ（Digital Single-lens reflex Camera，數位單眼相機）同時支援全景廣鏡頭與特寫的手機。

▼**三腳架：**在室內進行拍攝或要固定住錄影機時需要三腳架。

▼**照明：**新手容易太在意鏡頭，然而真正重要的其實是照明燈光。如果能準備兩三個ＬＥＤ燈，就可以呈現更高級的色彩與畫面。

▼**麥克風：**另外一個重要的單品是麥克風。如果無法清晰聽到聲音就會降低專注度，這樣觀眾就不會將影片看完直接離開。可以用錄影機內建的麥克風進行錄音，然而為了可以提供清晰的音質，建議一定要購買一個麥克風。

在烹飪影片中尤其要將烤、煮、炒過程中產生的音效生動傳達出來，想要達到這種效果的話麥克風就是非常重要的道具。如果經濟狀況允許，建議準備錄音台詞的麥克風，與錄音烹飪過程中產生的效果音效的麥克風，建議準備兩套麥克風。

無線麥克風的價格約落在七十萬韓圜（約一萬九千元台幣），這個價格會讓人覺得有壓力。一開始能準備約十萬韓圜（約兩千七百元台幣）的電容式麥克風（condenser microphone）就足夠了。

▼剪輯用電腦：剪輯電腦只要是能夠驅動「Premiere」這個剪輯程式的電腦格式就可以了。可以玩最新遊戲的一百萬韓圜（約兩萬七千元台幣）的電腦，應該就可以作為剪輯影片用的電腦。如果是公務筆記型電腦，那麼需要確認是否有顯示卡，如果沒有就需要採購。顯示卡的價格約是十到二十萬（約兩千七百元至五千五百元台幣）韓圜。

▼剪輯程式：要剪輯拍好的影片就需要使用叫做「Premiere」的剪輯程式。在Adobe（www.adobe.com/tw）可以以每個月約兩萬韓圜的價格買到這套程式（編者註：以購買單一程式來說，台灣版網站有分為月繳與年繳，金額分別為九百六十元與七千六百八十元）。依照情況同時使用Photoshop程式也很好。使用MAC的人則需要使用叫做「Final Cut」的剪輯程式。這個程式的價格約四十萬韓圜（約一萬一千元台幣）且可以永久使用。

第三步　拍攝：舒適又有樂趣，自己要能覺得享受

如果可以請盡可能展現出正向與明快的感覺。音調要稍微高一點，講話要有節奏才不會讓觀眾感到枯燥，同時可以清晰傳達出規劃中的情報。新手在主持時有所不足是理所當然的，在剪輯時可以補強主持時的不足所以不需要太有壓力，請以輕鬆的心情進行拍攝。如果犯錯了，那麼為了可以讓之後容易剪輯，建議隔幾秒鐘再繼續進行節目。

與孩子一起拍攝時要無條件體貼孩子。如果只將拍攝影片當作主要目的，那麼孩子跟媽媽都會覺得辛苦。如果可以把拍攝想成是跟孩子度過愉快的時間，然後配合孩子的速度進行拍攝，這樣看影片的觀眾也會覺得舒適開心。

主婦內容的優點是可以覬覦外部的廣告。烹飪內容可以在進行節目時自然曝光烹飪器具、食物材料，所以很容易入某業者廣告主的眼裡。「來，現在要來煎雞蛋皮了。我來用用看在主婦之間頗具知名度的○○煎鍋。我在幾個月前購買然後一直使用，煎鍋很輕不會對手臂造成負擔，也不容易黏鍋子或燒焦，所以很好用。」用這種方式自然提及產品的優點，那麼日後承接外部廣告的機會就提高了。

然而在提及產品時需要是真誠的，是在真正使用過後分享後記才有用。因為想接廣告以隨性

的方式進行產品推薦，那就會失去觀眾的信賴也很難獲得接廣告的機會。

第四步　剪輯：可以抓住觀眾的內容魔法

主婦們最畏懼的就是剪輯。然而影片剪輯並不需要具備很了不起的技術，無論是誰只要練習幾次很快就可以上手，所以希望不要害怕大膽進行挑戰。

有人氣的內容，仔細察看細部就會發現與其一直想再加什麼，倒不如將核心放在移除不必要的東西。請注意不要在節目裡一直重複說同樣的話，或者做出沒有意義、拖累節目進度的行為。尤其在連續說好幾段話的時候，建議要好好剪輯句子與句子之間聲音產生空白的部分。如果在講話前會停頓一下，或者在講話中間的聲音產生空白就會給人不熟練的感覺。也會容易讓觀眾覺得內容無趣與枯燥。

剪輯的時候建議將有趣的地方剪輯到節目初半段。YouTube的平均收視率並不高，當觀眾覺得節目無趣，然後做出這個判斷的瞬間，觀眾就會毫不留情的離開，因此在一開始就要抓住觀眾的視線。因為順序的排程關係，精彩片段預計出現在後面，那建議將這些精彩片段安排成預覽讓觀眾可以在一開始就看到有趣的地方，這樣才不容易讓觀眾失去期待，讓觀眾可以耐著性子將影片看到最後。趣味的力道建議安排成「強─弱─強─弱」，以這種順序進行剪輯。

如果可以放進字幕是很好的。有很多觀眾在地下鐵或公車內選擇不聽聲音只是單看畫面。台詞無論如何都請放進字幕，如果有這之外的趣味重點，建議將重要內容進行字幕處理。考量到使用手機的觀眾，建議選擇簡潔的字體並進行字幕的處理。新手容易忽略掉字體也有著作權，如果覺得漂亮就直接拿去用，以後就可能被著作權轟炸，所以請一定確認字體是否可以免費使用。

另外一個需要注意的著作權是音樂。直到現在，如果不使用YouTube所提供的免費音樂，那麼很難透過其他管道購買音樂。在Melon（韓國線上音樂網站）等以個人名義購買的音樂是無法使用在上傳到YouTube的影片。加入MCN的一人創作者，可以使用該MCN保有著作權的音樂，如果不是這樣的新手YouTuber就只能用免費的音樂。

第五步　上傳：縮圖與題目很重要

結束剪輯就在預定好的日期預約上傳影片。

這時需要注意的就是縮圖（預覽影片的畫面）與題目。觀眾在這兩個地方選擇是否看我的影片，因此這兩個地方就是關鍵點。題目固然需要可以引發觀眾的好奇但不可以說謊。觀眾因為被題目吸引觀看影片然後感到失望，那麼這種觀眾是不會成為有忠誠度的訂閱觀眾。縮圖則是建議選擇影片中最有趣的部分，乾脆在縮圖秀出結局也是一種方法。要放進縮圖的字幕建議是大而簡單的字樣，這樣才容易吸引視線。

第六步　行銷：活用趨勢進行曝光

設定符合趨勢的關鍵字可以幫助頻道進行宣傳。舉例說用在〈孝利家民宿2〉時引起話題的華夫餅機器做出料理，在關鍵字或者標籤上放入華夫餅這個詞彙，就可以輕易吸引觀眾的關心。跟著做人氣料理YouTuber的招牌料理也是不錯的規劃，因為每當觀眾檢索這位YouTuber的時候，也會提高我的頻道順帶曝光的機率。

如果是充滿B級感性[2]的二十幾歲大學生呢？
〔沒錢多煩惱的二十歲青春真實直播〕

＊用非凡與個性取勝：挑戰綜藝（entertainment）頻道！

大學生最大的優點就是人際網路。建議幾個擁有類似興趣與關心事項的朋友組成人際網路，並試著製作YouTube影片。如果想要製作兩人以上進行演出的影片，那麼最重要的就是設定好角色。請在腦海中試想像〈無限挑戰〉或〈兩天一夜〉這種綜藝實境秀。無論在完成什麼樣的任務、無論走到哪裡，每個角色所展現出來的反應才是趣味之所在。角色要有一致性並且穩定才能持續製作出內容，觀眾也會因此感受到親切與樂趣。

朋友之間經營頻道的情況不少，而近期也出現許多情侶YouTuber。這些人們的內容特性就是將日常生活中的經驗當成素材，他們並不會為了經營YouTube頻道刻意規劃什麼，而是像寫日記

2 B級意味著不是頂級但夠用。

般的將自己日常生活中的體驗與感受拍成YouTube影片。這種自然又親切的日常生活內容如果能夠獲得觀眾的共鳴就可以獲得人氣。

最近企業也開始關注起透過一人媒體進行宣傳。在大學時期與情投意合的朋友或者情侶之間一起當作樂趣般的經營YouTube頻道，並穩定的經營下去，這件事情一定會成為對就業有幫助的事情。

第一步　企劃：一定要是我喜歡並擅長的事情

▼**尋找我有信心並在關注的領域：**尋找二十幾歲擅長並且有自信的領域。在這裡試著選擇綜藝領域。

▼**訂定主要企劃：**要持續增加訂閱觀眾就需要只屬於自己頻道的招牌內容，意即需要有主要企劃。當訂定主要企劃時需要考量到是否有被持續的可能性。

在這裡就以「沒錢，對就業、戀愛有諸多煩惱的二十歲青春真實直播」為主要企劃。

▼訂定觀眾的年齡層：如何決定觀眾年齡層會讓影響整個內容。在這裡將對象訂為比較關心綜藝節目的十幾歲後段到二十幾歲。

▼訂定基本概念（concept）：要先決定要製作的是刺激羨慕與憧憬的，所謂的「想成為的（Wanna Be）內容」，還是要製作「日常生活內容」。如果有屬於自己的角色形象會比較好，所以請試著做出適合自己的造型。

綜藝頻道，尤其是由超過兩人以上的表演者在節目進行演出，那麼最重要的就是建構角色，角色個性要非常明確才容易形成各自的觀眾粉絲團。在這裡將兩個朋友的角色想成「搞笑與吐嘈」的角色進行企劃。「搞笑與吐嘈」是日本獨角喜劇裡常出現的角色，傻子扮演有點傻呆的傻子角色，而吐嘈則是扮演損這種傻子的角色。透過兩個角色之間展露出「詭異又沒有脈絡」與「B級情感」可以引導親切感與共鳴，就會成為可以在日常生活中觀看的內容。

▼訂定上傳週期：上傳週期可以依照自己方便，然而建議一週一定要上傳兩個以上。如果想要擴展固定訂閱觀眾數，並防止觀眾脫離，那麼就需要定好特定星期與時間上傳影片。

因為需要與學校生活併行運作，所以建議在平時不間斷的進行規劃與剪輯，再於週末擠在一起進行拍攝的形式進行作業，並於每週二與週四上午十一點上傳影片。

在學校上課同時每週又要規律上傳兩個以上的影片，這其實不是一件容易的事情。跟學校生活並行運作難免會產生無法預期的事情，所以建議可以多做幾個備份的影片。

▼**訂定基本概念（concept）**：主要企劃已經決定是「沒錢，對就業、戀愛有諸多煩惱的二十歲青春真實直播」，所以建議將焦點放在可以讓二十幾歲的人產生共鳴的情境。

像是「聽說最近這個很紅？雖然沒有錢但我們做過○○喔！」一樣，製作體驗某人氣單品的開箱文內容，或者與「可以安慰飢餓青春的便利商店吃播」相呼應的綜藝情報，像是「與朋友比賽誰吃西瓜比較快」等綜藝性質的內容，這些都可以成為是企劃之一環。

除了主要內容之外偶爾也是需要上傳次要內容，然而不可以隨意上傳內容。次要內容的範圍要在所設定的目標觀眾群有可能會感到有趣的比較不同的企劃。

次要內容可以規劃類似「一百天紀念日的禮物該準備什麼呢？」（韓國情侶交往的一百天屬於紀念日）「有人竟然免費搭上組別作業，請這樣進行報復」等，製作出跟既有企劃稍微有點不同氛圍的次要內容。

有時也可以製作像是「讀留言單元」，以這種內容試著與觀眾進行溝通。這種次要內容可以協助擄獲新的觀眾，也會協助與既有觀眾進行溝通。

然而需要注意的是，在規劃次要內容時需要考慮觀眾的年齡層。假設忽略「十幾歲後段至二十幾歲」為目標觀眾群，抱持想提升點閱率的貪念製作國小國中生喜歡的〈當個創世神〉（Minecraft）遊戲相關內容，那麼就會打壞頻道的一致性，這會提升獲取固定訂閱觀眾的難度。

▼**決定影片的長度：**不需要將所有內容的長度進行統一，然而需要預先決定製作幾分鐘長度的影片，這樣才可以減少錯誤示範。如果不先想好內容的長度貿然開始進行拍攝，那麼拍攝時間會永無止境的延長，在剪輯的時候就會吃苦頭。另外也會因為沒能有效的調節份量，可能製作出枯燥或有點緩慢的影片。雖然依照構想會有所差距，然而三到五分之內最好，最長也不要超過十分鐘。

這種綜藝屬性的企劃最好規劃在三分鐘內。企劃的時候就要將製作出可以邊吃零嘴邊輕鬆觀賞的使用者情境考慮進規劃裡。

▼**訂定暱稱與頻道名稱：**與主婦篇的相同，請回頭參考。

第二步　準備物：需要具備的基本配備

此部分請參考主婦篇的第二步。

第三步　拍攝：舒適又有樂趣，自己要能覺得享受

這跟內容屬性與觀眾是誰有所差距，然而建議盡可能可以展現親切與舒適的感覺。新手在主持時有所不足是理所當然的，也會因為緊張所以常出錯，這些都可以在剪輯過程時進行補強，所以不需要太有壓力，請以輕鬆的心情進行拍攝。

不需要覺得這是綜藝節目所以一定要搞笑，請不要有這種刻板印象。觀眾想要的是自然的笑點。如果企劃與角色相吻合就等於是保證好笑了。所以不要刻意做出好笑的情境，比較重要的是跟著企劃走，不失去角色的個性。如果適度運用俚語與髒話就可以帶來親切感與笑點，但需要注意太超過就會給人不舒服的感覺。

在製作內容時總是需要將廣告放在心上。可以將產品開箱文內容製作成次要內容，每當有特定產品登場的時候，自然提及一兩句關於產品的話，這些都是不錯的方法。如果用這種方式幫廣

告留下伏筆才會提升承接廣告的機率。這時需要特別注意，如果將承接廣告當成目的，上傳不誠懇並且不真實的開箱文，就會失去觀眾對創作者的信任。

第四步　剪輯：可以抓住觀眾的內容魔法

企劃與拍攝都很重要，但剪輯可以讓觀眾對內容產生天地之間的差距。

剪輯的核心在移除不必要的東西。尤其在連續說好幾段話的時候，要好好剪輯句子與句子之間聲音產生空白的部分。這裡規劃的是綜藝屬性的節目，所以快節奏就是節目的生命。如果有停頓或者節奏感有點鬆掉的感覺，那麼趣味就會減半。剪輯的時候建議將有趣的地方剪在節目前段。需要這樣做的理由請參考主婦篇的描述。

台詞無論如何都請放進字幕，如果有這之外的趣味重點就將重要內容進行字幕處理。綜藝節目尤其需要好好運用字幕。沒有感覺的字幕是降低趣味的主要嫌犯，如果沒有信心製作出逗趣的字幕，那麼建議直接寫出台詞就好，不要亂上其他的字幕。針對如何上有趣的字幕，建議可以常看高人氣綜藝節目，並研究什麼樣的字幕可以讓節目變得有趣。

考量到眾多使用手機的觀眾，建議選擇簡潔的字體並以此字體進行字幕處理，在處理字幕前一定要確認字體的著作權。除此之外也要留意音樂的著作權。需要這樣做的理由請參考主婦篇的描述。

第五步　上傳：縮圖與題目很重要

與主婦篇相同，請參考。

第六步　行銷：活用趨勢進行曝光

與主婦篇相同，請參考。

如果是將NJober當成未來希望的三十幾歲上班族？〔三分鐘經典名畫〕

＊積極活化興趣與自己感到興趣的事情：挑戰情報頻道！

三十幾歲擁有相對安定的收入，因此三十幾歲屬於以此為基底擁有興趣的年齡層。這個年齡層同時也有較多的興趣與關心的事情，有些人也有可能已經擁有專家水準的熱情與知識，所以建議製作可以充分運用自己興趣的內容。

邊上班邊在一週製作兩個以上的內容不是件容易的事情，不過把這個想成是興趣的延伸，那就比較不會覺得有壓力。不要將主要目的放在製作影片，而是以將自己興趣記錄起來的心情開始這份作業。然而請不要為了採購拍攝裝備或為了挪出拍攝時間而勉強自己。最好是運用既有的裝備並在閒暇時間進行拍攝。

第一步　企劃：一定要是我喜歡並擅長的事情

▼**尋找我有信心並在關注的領域：**如果是三十幾歲上班族，那麼建議經營分享興趣相關的情報內容。充足運用自己的興趣試著製作出影片吧！我在這裡想要分享關於美術情報的頻道。

▼**訂定主要企劃：**要持續增加訂閱觀眾就需要只屬於自己頻道的招牌內容，意即需要有主要企劃。當訂定主要企劃時需要考量的是，是否有被持續的可能性。要先檢查這個題材是否不需要擔心素材會枯竭，是可以持續製作內容的素材。

在這裡將「三分鐘名畫」定為主要企劃。用簡單迅速的說明方式描述常在美術館或教科書看到的名畫是企劃重點。因為只要換名畫就可以持續製作出內容，所以這算是非常優質的企劃。然而只是繼續介紹名畫，那畫面結構可能過於單調，所以建議附加說明畫家的歷史與名畫的創作背景等故事，也可以放進簡單的動畫。

▼**訂定觀眾的年齡層：**如何決定觀眾年齡層會直接影響到內容。在這裡將對象訂為二十歲後半至三十幾歲。

▼訂定基本概念（concept）：製作內容時建議先決定好基本概念。創作者要有一致的方向，進行作業時才比較容易著手，觀眾也不容易感到混亂。還有需要幫自己決定符合內容的形象與角色。

這種分享情報的內容不需要本人親自登場。可以製作出替代性的表現自我個性的角色，並讓這個角色出現在影片裡，這樣就可以放大趣味與親切的感覺。

▼訂定上傳週期：雖然需要考量自己的情況決定上傳週期，然而一週一定要上傳兩個以上的影片，空白時間太長是不好的。因為要與上班生活並行，所以需要在平時不間斷的進行規劃與剪輯，週末擠在一起進行拍攝的形式進行作業，並與每週二與週五上午十點上傳影片。實際操作下來就會發現邊上班同時每週規律上傳兩個以上的影片不是一件容易的事情，跟上班生活併行運作難免會產生無法預期的事情，所以建議可以多做四到六個備份的影片。

▼撰寫企劃案：主要企劃已經決定是「三分鐘名畫」，所以規劃細部企劃時建議將專注點集中在選擇大眾會喜歡的名畫。像是李奧納多·達文西的〈蒙娜麗莎〉，馬克·夏卡爾的〈我與村莊〉，梵谷的〈向日葵〉等，選擇受大眾喜愛的名畫，並決定什麼樣的切入點、預計強調什麼

內容。

固然要全力專注在主要內容，然而偶爾上傳次要內容也不失為一件好事。請站在觀眾的立場看看如果是觀眾會對看什麼東西感到興趣，並以此試圖進行不同的企劃。因為「三分鐘名畫」是主要企劃，所以次要企劃可以決定像是「三分鐘電影」、「三分鐘古典音樂」、「三分鐘閱讀」。這種次要內容可以協助獲取新的觀眾群，也對穩固既有觀眾的「粉絲心」有幫助。然而，介紹電影或書籍時記得一定要留意是否有侵犯到著作權的疑慮。

另外一個需要注意的是，在規劃次要內容時需要考慮觀眾的年齡層。規劃出來的次要內容如果跟目標觀眾群不相符合就會打壞頻道的一致性，這會提升獲取固定訂閱觀眾的難度。

▼決定影片的長度：雖然不需要統一內容的長度，但在製作時先決定影片長度是好的。如果不先想好內容的長度貿然開始進行拍攝，那麼拍攝時間就會永無止境的延長，在剪輯時為了花時間剪掉不必要的畫面而感到甚是困擾。

這裡的企劃是「三分鐘名畫」，所以最好將長度調整在三分鐘左右。

▼訂定暱稱與頻道名稱：與主婦篇相同，請參考。

第二步　準備物：需要具備的基本配備

此部分請參考主婦篇。

第三步　拍攝：舒適又有樂趣，自己要能覺得享受

進行拍攝時請比平常表現出更有活力更明亮的感覺，音調要稍微高一點，講話要有節奏。新手在主持時有所不足是理所當然的，在剪輯過程時可以補強主持時的不足，所以不需要太有壓力。

在製作內容時總是需要將廣告放在心上。將「三分鐘名畫」定為主要企劃而將「三分鐘閱讀」定為次要企劃的頻道，就有機會承接特定美術展示會與圖書相關廣告的機會。因此平時製作內容時需要特別留意展示會與圖書相關的情報，並製作出有趣味性的讀後感內容。然而請一定記得所有的內容必須是真誠的。如果將承接廣告當成目的上傳不誠懇並且不真實的審閱文，就會失去觀眾對創作者的信任。

第四步　剪輯：可以抓住觀眾的內容魔法

好的剪輯可以讓企劃起死回生。剪輯的核心在移除不必要的東西。尤其在連續說好幾段話的時候，要好好剪輯句子與句子之間產生空白的部分。如果在講話前會停頓一下，或者在講話中間留白，產生像是在捲動面紙般的空白感，就會給人不熟練的感覺，容易讓觀眾覺得內容無趣感覺枯燥。

YouTube重要的是需要在影片初期就抓住觀眾的視線，如果有可以描述畫家的歷史或名畫創作背景的動畫，那麼建議以預覽形式進行曝光。這樣觀眾才不會失去期待的把影片看完。

分享情報的節目因為節目屬性容易產生描述時間過長的情境，這時建議用字幕做簡單扼要的結尾。要考量到眾多使用手機的觀眾，建議選擇簡潔的字體進行字幕處理。在處理字幕前一定要確認字體的著作權，除此之外也要留意音樂的著作權。

分享情報頻道的主持人不需要曝光臉部，因此有很多創作者將動畫角色當作替代放進影片裡，在使用之前請一定要仔細檢查是否侵犯到著作權。

第五步　上傳：縮圖與題目很重要

與主婦篇相同，請參考。

第六步　行銷：活用趨勢進行曝光

與主婦篇相同，請參考。

新商業周刊叢書 BW0700

韓國第一YouTube之神的人氣自媒體Know-How

原　書　名／유튜브의 신 1인 크리에이터들의 롤모델 대도서관이 들려주는 억대 연봉 유튜버 이야기
作　　　者／「大圖書館」羅棟鉉（Dong Hyun Na）
譯　　　者／葛增慧
責 任 編 輯／簡伯儒
版　　　權／翁靜如
行 銷 業 務／王瑜、周佑潔

總　編　輯／陳美靜
總　經　理／彭之琬
發　行　人／何飛鵬
法 律 顧 問／台英國際商務法律事務所　羅明通律師
出　　　版／商周出版
臺北市104民生東路二段141號9樓
電話：(02) 2500-7008　傳真：(02) 2500-7759
E-mail: bwp.service @ cite.com.tw
發　　　行／英屬蓋曼群島商家庭傳媒股份有限公司　城邦分公司
臺北市104民生東路二段141號2樓
讀者服務專線：0800-020-299　24小時傳真服務：(02) 2517-0999
讀者服務信箱E-mail: cs@cite.com.tw
劃撥帳號：19833503　戶名：英屬蓋曼群島商家庭傳媒股份有限公司城邦分公司
訂 購 服 務／書虫股份有限公司客服專線：(02) 2500-7718；2500-7719
服務時間：週一至週五上午09:30-12:00；下午13:30-17:00
24小時傳真專線：(02) 2500-1990；2500-1991
劃撥帳號：19863813　戶名：書虫股份有限公司
E-mail: service@readingclub.com.tw
香港發行所／城邦（香港）出版集團有限公司
香港灣仔駱克道193號東超商業中心1樓
E-mail: hkcite@biznetvigator.com
電話：(852) 25086231　傳真：(852) 25789337
馬新發行所／城邦（馬新）出版集團
Cite (M) Sdn. Bhd.
41, Jalan Radin Anum, Bandar Baru Sri Petaling, 57000 Kuala Lumpur, Malaysia.
電話：(603) 9057-8822　傳真：(603) 9057-6622　E-mail: cite@cite.com.my

封面設計／蔡南昇
印　　刷／韋懋實業有限公司
經　銷　商／聯合發行股份有限公司　電話：(02) 2917-8022　傳真：(02) 2911-0053
地址：新北市新店區寶橋路235巷6弄6號2樓

■2019年（民108）1月初版　　Printed in Taiwan

國家圖書館出版品預行編目（CIP）資料

韓國第一YouTube之神的人氣自媒體Know-How／羅棟鉉著；葛增慧譯. -- 初版. -- 臺北市：商周出版：家庭傳媒城邦分公司發行, 民108.01
面；　公分. --（新商業周刊叢書；BW0700）
譯自：유튜브의 신 1인 크리에이터들의 롤모델 대도서관이 들려주는 억대 연봉 유튜버 이야기
ISBN 978-986-477-598-9（平裝）
1. 網路產業　2. 網路媒體
484.6　　107021867

定價380元
ISBN 978-986-477-598-9

城邦讀書花園
www.cite.com.tw